조금
늦었습니다, 만

조금 늦었습니다, 만

초판1쇄   2022년 5월 25일
지 은 이   윤이랑
삽   화   Shirosky
펴 낸 곳   하모니북

출판등록   2018년 5월 2일 제 2018-0000-68호
이 메 일   harmony.book1@gmail.com
전화번호   02-2671-5663
팩   스   02-2671-5662

ISBN 979-11-6747-054-6 03980
ⓒ 윤이랑, 2022, Printed in Korea

값 17,600원

이 도서의 국립중앙도서관 출판예정도서목록(CIP)은 서지정보유통지원시스템 홈페이지(http://seoji.nl.go.kr)와 국가자료공동목록시스템(http://www.nl.go.kr/kolisnet)에서 이용하실 수 있습니다.

색깔 있는 책을 만드는 하모니북에서 늘 함께 할 작가님을 기다립니다.
출간 문의 harmony.book1@gmail.com

인프제(INFJ) 방송작가의 웃픈 모험기

조금
늦었습니다, 만

윤이랑 지음

harmonybook

Contents

#3. 여기도, 나의 별

#4. 우리 꼭, 다시 만나

#5. 에필로그

#1.

다, 그럴 이유가 있었어

이태원 : 이태원에 사는 여자

　나는 이태원에 사는 여자다. 한국에서 가장 다양한 색을 가지고, 가장 화려하고, 또 자유로운 곳. 내 곁에는 늘 다양한 국적의 외국인 이웃들이 있고, 내 눈 앞에는 항상 세계 곳곳의 맛있는 먹거리가 가득하다. 동네 초등학교 앞은 저마다 얼굴색과 말투가 다른 어린 아이들이 뛰어놀고, 자주 가는 마트와 식당은 외국인 손님들로 가득하다. 지금, 이 글을 쓰고 있는 카페 안에도 익숙한 외국인들이 저마다의 언어로 토크를 하는 중이다. 한 마디로. 아주 글로벌한 여자라고 할 수 있겠다.

　그러나 나의 영어 실력은 왕 초보.
　처음으로 국제선을 타고 타국의 땅을 밟은 건, 무려 서른 둘.
　굉장히 한국적으로 이태원을 살아온 평범한 주민일 뿐이다.

　"이태원에 와 본 적 있니? 이태원은 정말 매력적인 곳이야.
　해외여행을 온 듯 착각하게 만드는 예쁜 건물들.
　세계 각국의 다양한 인종.
　그리고 모두가 자유로워 보여.
　걷는 것이 즐거운 동네랄까. 세계를 압축해 놓은 듯 한 이 거리에 난
　반해버렸어."

　　　　　　　　　- JTBC 드라마 〈이태원 클라쓰〉 中 수아의 대사

동네부심을 자극했던 드라마 〈이태원 클라쓰〉에서 주인공들은 새로운 삶을 다시 시작할 터전으로 이태원을 선택한다. 그들은 작은 거리지만 세계가 보인다는 이곳에서 누구보다 큰 꿈을 꾸고, 또 이뤄 나간다.

　컷마다 나오는 우리 동네, 그리고 함께 성장하는 주인공들을 보며 난 이태원이 나의 직업과 참 잘 어울리는 도시라고 생각했다. 화려하고 자유롭지만, 꾸준히 트렌드를 읽고 변화해야 하는 직업. 난 어느새 십 년이 넘도록 예능 프로그램을 만드는 방송작가로 살아가는 중이다. 경력이 꽤 쌓일 때까지 그 흔한 해외 촬영 한 번 가보지 않은 방송작가. 떠날 기회는 많았지만 가지 않았다.

'다, 그럴만한 이유가 있었다.'

　나의 한국적인 인생사를 간단히 요약하자면 어릴 때는 돈이 없어서 가지 못했다. 대학교에서 운이 좋게 해외 연수 비슷한 걸 보내준다고 했을 때도, 그 시간에 다음 학기 등록금을 벌어야 한다며 거절했다. 그 때는 별로 아쉽지도 않았다. 방송작가가 되면 해외에 나갈 일이 아주 많을 거라고 생각했으니까.

　그리고 작가가 되자마자, 난 새로운 곳으로 여행을 하게 된다.
　좁은 병실에서 긴 시간 싸워야 하는 병과의 여행.

　나는 오랜 시간 아팠던 엄마와 병원에서 꽤 긴 여행을 했다. 우리들은 매 순간 행복한 여행을 하려 애써왔고, 나름의 소중하고 좋은 시간들로 하루하루를 채워갔다. 그 사이 나는 여러 프로그램들을 거치며 언니, 언니의 언니, 또 그 언니가 되었는데, 긴 시간 자리를 비워야 하는 해외 촬영 프로그램은 절대 할 수가 없었다. 하지만 이것도 역시 아쉽지 않았다. 나에게는 더 소중한 여행이 있었으니까.

작가들은 프로그램을 하나 마치고 나면 대개 여행을 떠난다. 몇 개월 동안 쉼 없이 일하다가, 종영을 하면 한 번에 미친 듯이 쉬는 삶에 익숙하기 때문이다. 내가 서른이었을 때, 한 프로그램을 마치고 같이 일했던 작가들끼리 짧게나마 홍콩 여행을 다녀오자는 얘기가 나왔다. 나는 그때, 처음으로 생각했다.

"어, 나 아직 여권이 없는데?"

내 나이, 서른의 일이었다.

물론 이런 저런 사연이 많았지만, 왜 이제껏 '여권이 없다는 것'에 대해 자각하지도 못한 것일까. 이태원 한복판에 있는 구청에 들러 여권을 만들면서도 해외 한 번 못 가본 것에 대한 불만은 없었다. 여행을 다니는 건 남의 일이라고, 해외 촬영은 많이 다녀본 작가들이 하는 걸로, 지금 내 인생에서는 사치라고, 그냥 그렇게 생각했다. 그날도 나는 병원으로 향했고, 처음으로 갈 번했던 홍콩은 영원히 사라져버렸다.

그렇게 여행과는 멀리 살던 어느 날, 나의 그녀가 떠났다.

나는 꽤 오랫동안 슬퍼했다. 예능 프로그램을 만들며 웃음을 찾으면서
도 속으로는 많이 울던 어느 날, 문득 나도 떠나야겠다는 생각이 들었다.
더 이상 내가 떠나지 못 할 이유는 하나도 없었으니까.

처음으로 향할 여행지는 아주 빠르게 결정했다. 엄마의 고향.
그렇게 나는 엄마의 고향 '목포'로 향하기 위해 무작정 기차를 탔다.

아주 한국적으로 이태원에 살던 한 여자의 인생이 달라질
마법 같은 기차 여행이 시작된 것이다.

마법 기차 안에서

목포는 엄마와 아빠의 고향이기 때문에 어릴 때부터 자주 찾았던 곳이다. 하지만 어른이 되어 생각해보니, 정작 그들이 살아온 진짜 추억들은 제대로 본 적이 없었다.

나는 내 생에 첫 번째 여행에서 엄마가 살았던 곳들을 쭉 돌아보기로 했다. 태어났을 때부터 아빠를 만나 서울로 올 때까지 살았다던 옛 집과 위로 하나, 아래로 다섯이나 있는 형제&자매들과 뛰어다니던 집 앞 골목, 양 갈래 머리로 교복을 입고 다녔다던 학교들, 그 등굣길에 매일 지나쳤을 산과 바다들을 찾아가 제대로 인사를 하고 엄마를 보내주고 싶었다.

하지만 떠나기로 마음을 먹자마자, 나는 또 깨닫게 된다.

"그런데 목포는 어떻게 가지? 기차?? 버스?? 그런데, 기차는 또 어떻게 타지?"

단 한 번도 나 홀로 떠나본 적이 없었던 것이다.

지방에서 야외 촬영을 할 때면 매니저들에게 '이번 촬영지는 이렇게 오시면 돼요~ 지도에는 안 나와도 그 슈퍼 앞에서 모퉁이 돌고, 큰 나무 있는 쪽으로 오시면 돼요~'라고 술술 말하던 작가가 정작 나를 위한 기차 하나를 타려니, 큰 어려움에 빠져버렸다. 그야말로 '서울 안의 개구리'가 따로 없었다.

하지만 나는 방송작가 아닌가! 엄청난 검색 스킬로 서울에서 목포까지 가는 여러 방법을 찾았으나, 딱 마음에 드는 이동 동선이 없었다.

"난생 처음 여행이라는데, 너무 평범하잖아? 이러면 분량 안 나오는데??"

그 때, 머릿속을 스친 건 내 지난 청춘의 기억이었다.

대학생 때, 방학마다 유행했던 '기차 여행 패스권'이 있었다. '내일로 가는' 그 패스권(*내일로패스)은 그 시절 기준, 짧게는 3일부터 길게는 일주일까지 정해진 열차들을 무제한 탈 수 있는 이용권이다. 내 친구들 중에도 용감하게 배낭을 메고 여행을 떠나던 청춘들이 있었는데, 나는 눈앞에 닥친 아르바이트와 취업 준비를 핑계 삼아 또 '남의 일'이라고 생각했었다. 그로부터 십여 년이 지나 호기롭게 검색해 본 그 패스권은 더 이상 택할 수 없었다. 내가 청춘들의 기차를 타기엔 너무 늙어버렸기 때문이다.

결국 한 번도 타보지 못한 젊은이들의 패스권 옆에 나와 같은 여행자들을 위한 새로운 패스권이 나와 있었다. 기한은 3일, 게다가 매일 한 번씩 자리까지 지정해 앉을 수 있다는 '하나로 다 된다는 그 패스권'(*하나로패스, 2022년 현재는 중단되고 '내일로 두 번째 이야기'라는 이름으로

통합되어 있다.). 그냥 목포를 가고자 했을 뿐인데, 3일권을 끊어도 되나 고민이 되긴 하였으나 별 다른 방법도 노하우도 없던 나는 일단 패스권을 지르기로 했다. 한 번 가보지 뭐.

출발은 내일이다. 바로 내일.

그렇게 나는 첫 번째 행선지 '목포'만 찍어두고 내 생에 첫 여행길에 올랐다. 아무 계획도, 노하우도, 경험도 없지만 시간이 많은 이 여행에서 딱 한 가지만 가지고 가기로 한다.

내가 어디로 가는지, 그리고 왜 가고 있는지.

우연히 만난 위로

나의 첫 번째 기차는 무려 5시간 반 만에 목포역에 도착했다. 난 내리자마자 수없이 말로만 듣던 유달산으로 향했다.

"유달산 끄트머리에 집이 있었거든. 매일 돌산을 넘어서 학교에 다녔어!"

어렴풋이 기억나는 작은 힌트만 가지고 산을 오르며, 지금의 나보다 훨씬 어렸을 순수했던 엄마를 떠올려봤다. 엄마이기 전에 딸이고, 소녀였을 그녀를 생각하다 보니 어느새 정상. 먼저 떠나신 외할머니, 외할아버지까지 생각하고 보니 어느새 하산. 눈물범벅이 되어 산을 내려오니, 엄마가 살았다던 집터는 주민들을 위한 공원으로 변해 있었다. 다행히 공

공장소가 된 덕에 한 참을 바라보며 서 있을 수 있었고, 정말 코앞에 보이는 바다와 그 시절부터 있었을 법한 노포들을 보며 인사를 건넸다.

나는 작가 정신을 발휘해 이곳이 정말 맞는지 이모에게 확인 전화까지 마치고, 근처에 살고 계신 큰 외삼촌에게 안부를 전했다. 한걸음에 달려오신 외삼촌, 외숙모와 맛있는 저녁을 먹으며 엄마의 이야기를 나눴고, 그리웠던 감정을 실컷 나눈 뒤 숙소로 잡아둔 게스트하우스로 돌아가던 길. 눈앞에 보인 목포 바다와 이제 막 해가 진 목포 하늘은 '핑크빛'이었다.

"정말 잘 왔구나."

내가 해야 할 일을 마친 기분이었다.

다음 날, 나는 다시 기차를 타고 여수로 향했다. 기차 패스권 2일차에 이동은 해야겠는데, 최대한 빠르게 갈 수 있는 곳을 찾다가 택한 곳이었다. 행선지는 여수로 가는 기차 안에서 급하게 검색해 가장 풍경이 마음에 든 '향일암'으로 정했다. 여수역 관광안내소에 들어가 물어보니, 역에서 버스로 한 시간이나 달려야 나오는 곳이라고 했다.

여수 바다 위에 자리한 절, 향일암. 버스에서 내려 엄청난 언덕과 계단을 올라 도착한 그곳은 정말 아름다웠다. 발아래 펼쳐진 그림 같은 바다 풍경을 넋 놓고 바라보다 우리 가족을 위한 촛불 하나를 켜기로 했다. 초 아래에 야무지게 네 가족 이름을 적는 나에게 보살님이 말을 걸었다.

"혼자 여행 오셨나 봐요?"

그리고 나는 야무지고 씩씩하게 대답했다.

"네! 엄마를 얼마 전에 잃어서 예쁜 촛불로 기도하려고요!"

보살님은 깜짝 놀라며, 고인은 함께 이름을 적으면 안 된다고 엄마의 이름 옆에 괄호를 쳤다. 야무지게 고개를 끄덕거리던 날 보며, 차마 이름을 지우진 못하셨던 것 같다.

엄마를 위한 등까지 켜고 다시 바다 위에 섰다. '故인'이라는 표현이 익숙하지 않아서 또 한참을 울컥하다가 나중에 웃으며 오리라 약속하고 다

시 여수역으로 향했다.

　그 날의 여수 바다는 나에게 아주 야무진 위로였다.

　목포를 시작으로 나는 꽤 많은 기차 여행을 했다. 넘치는 호기심과 작
가병도 슬슬 되살아나 갑자기 초록색 가득한 풍경이 보고 싶다고 담양
의 가로수길을 찾아가고, 예쁜 엽서를 사고 싶어 경주의 황리단길을, 밤
새 야경을 보고 싶다며 부산 광안리 바다 앞, 통 창이 있는 찜질방에서
밤을 지새우기도 했다.
　나는 수많은 지역의 바다와 산, 마을을 돌아다니며 많이 걷고, 울고, 또
생각했다. 떠나지 않았다면 결코 얻을 수 없는 시간들이었다. 여행지에

서 우연히 만난 사람들과의 대화, 우연히 먹은 따듯한 한 끼, 우연히 보게 된 멋진 풍경들만큼 사람을 위로할 수 있는 게 또 있을까. 이런 위로라면 넘치게 받아도 괜찮지 않을까.

그리고 나는 결심했다.
앞으로의 날들은 여행자가 되어 살아보겠다고.

인프제의 여행

전 세계 인류 중, 1%밖에 없다는 MBTI 유형. '선의'와 '옹호자'로 표현되지만 '고독'과 '집착', '근심 걱정'과 '의미'가 따라붙는 '혼자가 편한' 사람. 나는 인프제(INFJ)다.

인프제들은 늘 완벽을 추구하면서도 앞에 나서는 걸 꺼리기 때문에 어찌 보면 '여행자' 라는 단어가 안 어울릴 수도 있다. 특히 나와 같이 여행을 막 시작한 사람이라면 모든 게 낯설고, 걱정 투성이 일 수 밖에 없다. 꼬리의 꼬리의 또 꼬리를 무는 생각 덕에 여행 계획을 세우는데 꽤 오랜 시간이 걸리고, 누군가와 맞추기 보단 홀로 걷는 쪽이 편하니 여행에 제약도 많다. 그러나! 덕분에 인프제의 여행은 더 버라이어티 하게 바뀐다.

몇 년째 예능 트렌드를 주도하고 있는 '관찰 예능'에서 출연자에게 꼭 필요한 것은 바로 '혼잣말' 이다. 아무리 관찰 아이템이 재미있어도 어떤 대사도 나오지 않는다면 시청자들이 이해하기 어렵기 때문이다. 평소 혼잣말뿐인 대본을 자주 써서 그런지, 나는 홀로 여행을 떠나면 혼잣말이 유독 많아진다. 고독한 인프제답게 여행지에서 만난 여행자들에게 쉽게 말 한마디 건네지 않지만 그 말들을 스스로에게 던지고, 또 혼자 즐긴다고 해야 하나?

(예시)

"저기 여기 왔는데, 인생샷 하나는 찍어야지?"

"이건 인생샷이 아니고 흑역산데…. 지우자. 허허허."

놀랍지만 정말 이렇다. 아마 카메라 한 대 붙여 놓으면 꽤 웃길 거다.

그래도 방송을 하는 직업 덕에 '현지, 일상, 주민' 같은 단어에 관심이 생기고, 나름 사람을 만나 대화를 시도 해보기는 한다. 주로 내 얘길 하기보다 질문을 하고, 상대방의 이야기를 들어주는 편인데 이건 마치 토크쇼와 비슷하다. 평범한 여행자들과는 질문의 종류가 살짝 다르기 때문이다.

(예시)

"이 지명의 유래가 정확히 어디에서 시작된 건가요?" – 자료조사용

"이 곳에서 가장 가까운 마트는 어디고, 이동수단은 무엇이 있나요?" – 답사용

"이 곳까지 여행을 떠나온 이유는? 만족하세요?" – 속마음 인터뷰용

놀랍지만 이 것도 정말 사실이다. 아마 카메라 한 대 붙여 놓으면 꽤 좋은 콘텐츠가 될 것이다.

나의 토크쇼에는 나름 소소한 먹방도 있고, 길거리에서 볼 수 있는 다채로운 축하 공연도 있다. 인프제로서 보다 풍성한 여행을 완성하고 싶

은 욕심은 쑥스러움을 마다하고 수많은 질문과 새로운 시도를 하게 만들어 준다. 그리고 인프제 특유의 '철학적인 사색' 덕에 나름의 감동도 더해진다.

철학자 키에르케고르 아저씨는 '인생은 뒤돌아볼 때 비로소 이해되지만, 우리는 앞을 향해 살아야만 하는 존재'라고 말했다. 뒤돌아보니, 수줍고 소심하면서도 용감하고 뜨겁게 걷던 나는, 말 그대로 '인프제의 여행' 중이었다. 여행을 다니며 왜 이리 슬프고 고독했는지, 왜 이리 계획에 집착했는지. 왜 때때로 걱정에 사로잡혀 현실을 즐기지 못했는지 그제야 이해가 되기 시작했다. 유난히 많았던 혼잣말도 넘치는 생각을 정리하기 위한 인프제만의 노하우였을 것이다.

철학자 아저씨의 말처럼 중요한 건 이제 시작된 여행이다.
왠지 모르겠지만 어렴풋이 자신이 생긴다. 까짓 거 이것도 계획해보지 뭐! 인프제의 속도는 조금 느리긴 하지만, 끝은 늘 완벽하니까 말이다.

늦게 배운 여행질

항상 늦게 배운 도둑이 더 무서운 법이다. 늦게 여행을 배운 나는 프로그램을 하나 마치고 쉬는 시간이 생길 때면 계속 떠났다. 오히려 남들이 여행을 시작하던 때보다 주머니가 살짝 더 넉넉해졌다고 틈만 나면 지르고, 틈만 나면 새로운 걸 찾았다.

게다가 나는 방송작가 아닌가. 이 엄청난 직업은 나의 여행질에 자꾸만 불을 붙였다.

여기서 방송작가들의 작가병을 살짝 언급해보겠다. (아주 개인적인 의견이지만, 이 병의 확진자들이 꽤 많다.)

1. 잘 상상한다.

- 우리는 프로그램을 만들기 전, 어마어마한 자료조사를 하고 사전 공부를 한다. 그것을 바탕으로 촬영을 위한 큐시트와 대본을 쓰는데, 이때는 현장에서 발생할 수 있는 수많은 변수들을 고려해서 작성해야 한다. 때문에 머릿속으로 다양한 상황을 그려보고, 구체적으로 시뮬레이션 하는 상상력이 반드시 필요하다. 그 중 작가들이 가장 잘 하는 상상은 '최악의 경우'. 그 때 대안이 될 수 있는 '예비 아이템'은 반드시 촬영 전에 준비 해야만 한다. 여행에서 어떤 상황을 만나도 쉽게 당황하지 않는 내공이 여기에서 나오는 듯 하다.

2. 잘 쑤시고 다닌다.

- 야외 촬영을 하기 전에는 사전 답사 라는 걸 가는데, 답사 때는 이곳의 모든 것을 털어버리겠다는 심정으로 엄청나게 쑤시고 다녀야 한다. 본 촬영 전에 이 곳에서 생길 수 있는 모든 일들을 미리 경험하고 체크해야 하기 때문이다. 그래서 어떤 장소든 늘 호기심 가득한 시선으로, 엄청난 질문을 하며 돌아다닌다. 한 마디로, 어딜 가든 작가 티가 난다.

3. 잘 들이댄다.

- 작가들은 촬영 어레인지부터 출연자 케어까지 많은 사람들과 소통해야 하기 때문에 넘치는 친화력을 가지고 있다. 나처럼 소심하고 조용한 성격의 사람도 촬영장에만 가면 능청스럽게 대화를 주도하고, 어느 순간 연예인 앞에서 드립을 치고 있기 마련이다. 그리고 소위 '마 뜨는' 것이라 표현하는 '침묵의 순간'을 절대 견디지 못한다. 때문에 사람들에게 질문을 던지며 현장을 진행하고 있는 나를 자주 발견하게 된다. 재미있는 이야기가 뽑혔을 때, 홀로 뿌듯해하는 것은 덤이고 말이다.

4. 잘 적응한다.

- 방송작가는 프리랜서이기 때문에 다양한 방송국에서 매번 다른 장르의 프로그램, 그리고 새로운 직장 동료들을 만난다. 이 말은 곧, 어디서든 잘 적응할수록 오래 살아남는다는 것이다. 장소와 사람을 불문하고 어디서든 잘 먹고, 잘 자고, 잘 해결해야 하는 작가들. 우리들의 생존 능력은 정말 탁월하다.

5. 잘 적어댄다.

- 우리는 방송 현장에서 보고, 듣고, 생각나는 것들을 모조리 적어야 한다. 이는 나중에 편집을 하는 과정에서 꼭 필요한 자료가 되기 때문이다. 여기서 조금 더 연차가 쌓이면 모든 걸 아이템화 하고, 현장에서 생각나는 구성과 대본까지 적어댄다. 이런 건설적인 습관이 있다 보니, 일상생활 속에서도 쓸 만한 이야기 거리나 방송 거리를 만나면 일단 적고 보는 병이 생겨버렸다.

나의 작가병은 인생에서 여행을 만나고, 걷잡을 수 없이 중증이 되었다. 그리고 이것은 여행자로 살아가겠다는 나의 결심을 한 단계 업그레이드 하게 된다.

"앞으로 남은 인생, 기왕이면 좋은 여행자로 살아보자고."

지극히 고독한 인프제,

지극히 들이대는 방송작가.

지극히 슬픈 사연을 가진 이태원에 사는 여자까지.

이제 이들의 대환장 웃픈 모험이 시작된다.

서른이 될 때까지 여권도 안 만들었어?
연차가 이렇게 쌓일 때까지 해외 촬영을 안 가봤어?
글쓰기 좋아하는 애가 제대로 여행 한 번 안 해봤어?

수많은 잔소리 속에서도 내 대답은 단호했다.
시간이 아깝지 않느냐는 신박한 잔소리를 듣고도
나의 결심은 흔들리지 않았다.

떠날 수 있게 된 지금, 그 때의 내 손을 꼭 잡고 말한다.

시간이 아까워서 가지 못한 거라고.
덕분에 내 글은 더 단단해 졌다고.
정말 하나도 아쉽지 않다고.

"다, 그럴 이유가 있었어."

#2.

괜찮아, 처음이야

이태원 : 초심자에게 필요한 한 가지

이태원역 근처를 지날 때면 캐리어를 끌고 다니는 외국인들을 꽤 많이 볼 수 있다. 나에겐 그냥 사는 동네인 이곳이 코리아 서울의 대표적인 관광지이기 때문이다. 그렇게 늘 여행자들에게 둘러싸여 살고 있지만 그동안은 별 감흥이 없었다. 꼭 외국인들이 아니어도 이태원은 늘 많은 사람들이 찾는 놀거리, 먹거리 가득한 화려함의 상징이기 때문에 '그냥 또 누군가가 놀러 왔구나.' 했을 뿐이다. 그러다 여행에 관심이 생기자, 그들이 달리 보이기 시작했다.

"오늘도 저 멀리에서 캐리어를 끌고 왔구나…. 나도 그럴 수 있을까?"

여행자가 되기로 결심한 후, 나에게는 여행 계획을 세우는 취미가 생겼다. 틈나면 서점을 찾아 이 나라 저 나라의 여행 가이드북을 보고, 여행 잡지를 읽었다. 하지만 좋은 여행 계획을 세우는 일은 '초보 여행자'에게 너무 막연한 과제였다. '어디로 가나?' '어떻게 가나?' '얼마나 가나?' '뭘 가지고 가나?' 생각할 게 너무 많아서 또 떠나기도 전에 흥미가 사라질까 두려워졌고, 나는 최대한 방송작가답게 여행 준비를 해보기로 한다.

이곳 이태원에서, 최대한 버라이어티하게 여행을 상상해보기로 한 것이다.

이태원에는 아주 다양한 국가들의 음식들을 파는 '세계 음식거리'가 있다. 나는 여행 계획을 세울 때마다 각기 다른 세계 음식점 근처에 있는 카페로 향했다. 어느 날은 그리스 전문 음식점이 보이는 건너편 언덕 위의 카페에 앉아 지중해와 파란 그리스를 찾아보았고, 또 어떤 날은 베트남 음식점이 줄지어 있는 골목 카페에서 동남아를 뒤져봤다. 오늘도 어김없이 말을 거는 케밥 전문점 주인아저씨를 지나치면서 터키에는 뭐가 있나 한 번 검색해보고, 좋아하는 일본 라멘집에서 한 끼를 마친 다음, 진짜 일본에서 먹는 라멘은 뭐가 다를까 궁금해 했다. 오늘은 스페인 전문 음식점 건너편 카페에 앉아있다. 셰프가 스페인 사람인 것 같은데, 내가 저 요리들을 스페인에서 직접 먹어볼 수 있을까? 이태원에서 살아가며, 결코 내가 하지 않을 법한 생각들을 매일 같이 하고 있다. 원래, 여행자란 이런 건가?

그렇게 애써 여행 계획들을 세웠으나 실천에 옮기기는 더 어려웠다. 막상 떠나려니 비행기를 타본 적도 없고, 입국 수속을 해본 적도 없었고, 캐리어를 끌어본 적도 없었다. 수많은 가이드북을 찾아본 덕에 여행 큐시트는 완벽해져 가는데, 이제 떠나기만 하면 될 것 같은데 쉽지 않았다.

조금 늦게 떠나려는 나에게 가장 필요한 것은 생생한 상상도, 큐시트도, 캐리어도 아닌, 단 하나. 당장 떠날 수 있는 무모한 용기였다.

떠나지 못했던 나에게 '떠날 용기'가 없는 것은 당연한 일이었을지 모른다. 나는 여행에 서툰 나를 달래며, 이태원 거리를 거닐었다. 그리고 이태원 역 앞, 삼거리 횡단보도를 건너는 캐리어를 끈 외국인을 보며 생각한다.

'그냥 일단 한 번 떠나보기로.'

오사카 : 캐리어 끄는 여자

서른이 훌쩍 넘어 간 나의 첫 해외 여행지는 초보 여행자들에게 비교적 난이도가 낮다는 일본 오사카로 정했다. 차마 혼자 갈 용기는 못 내고, 보호자도 하나 섭외했다. 일본어 회화가 가능하고, 심지어 일본에서 공연까지 해봤던 여동생.(음악을 하는 그녀의 활동명은 심지어 '시로しろ' 스카이다.) 동생에게 아주 장황한 여행 계획을 설명하며, 나의 첫 해외여행은 시작 되었다.

나는 고이 먼지가 쌓인 아빠의 캐리어부터 꺼내 들었다. 동생은 고작 3박 4일 여행에 캐리어까지는 필요 없다며 거절했지만, 굳이 캐리어에 짐을 넣었다. 다 넣어도 반 밖에 채워지지 않았으나 '여행의 상징'이자 '로망'과도 같은 캐리어를 도저히 두고 갈 수는 없었다.

도장 하나 없이 순결을 지키던 나의 여권과 난생 처음 해본 환전의 결과물, 소소한 엔화까지 챙기고 드디어 떠나는 날 새벽. 설레어서, 또 긴장 되어서 제대로 잠도 자지 못한 채 일어나 머리를 감는데 갑자기 울컥. 눈물이 뚝 떨어졌다.

엄마가 우리 곁을 떠난 지 1년이 지났고, 우리 자매는 첫 해외여행을 떠난다. '같이 갔으면 얼마나 좋았을까~' 아마도 이런 생각이 들었나 보다. 함께 가는 거라고 든든히 마음을 먹고, 나는 힘차게 캐리어를 끌고 나섰다. 공항에 도착해 함께 여행을 가는 듯한 모녀를 보고 또 한 번 눈물이 터질 뻔했으나 꾹 참았다. 첫 여행을 오열로 시작할 순 없는 노릇 아닌가.

언제나 설레는 공간이라는 인천 공항. 나에게는 아직도 설렘보다는 두려움이 컸다. 최대한 초보 티를 안 내려 노력했으나, 비행기 탈 때 신발을 벗고 타라는 친구의 농담까지 신경 쓰였던 걸 보면 많이 긴장하긴 했었나 보다.

나는 당당하게 캐리어까지 맡기고, 입국 수속 게이트로 향했다. 누가 봐도 갓 뽑은 것 같은 새 여권을 내밀자, 직원 분은 살짝 2초 정도 나를 지긋이 관찰하는 듯 보였다.

"네! 처음이에요!!"

묻지도 않았는데, 설렘이 폭발한 나는 씩씩하게 먼저 대답을 해버렸다.

그렇게 소중한 여권을 꼭 쥐고, 나의 첫 입국 수속은 무사히 끝났다. 그리고 생에 처음으로 들어간 면세점에서 조금 값이 나가는 예쁜 색 립밤도 하나 골랐다. 이태원에서도 충분히 살 수 있는 립밤이 밑바닥을 보일 때까지 '제 1 보물'이 되었던 걸 생각하면 첫 여행의 모든 순간이 그만큼 반짝였나 보다.

드디어 비행기 안.

하늘을 보겠다며 창가 자리에 앉아 안전벨트를 맸다. 이륙을 하기까지 내 손에서 꽤 많은 땀이 났고, 심장은 두근거렸다. 나보다 아주 살짝 경험이 빨랐던 동생은 긴장을 풀어주려 노력했지만, 난 이륙 전까지 꽤나 두리번거렸다. 인천에서 오사카까지 2시간 반 남짓, 다섯 시간 기차를 타고 목포까지 가봤으면서 뭐가 또 무서운 건지?

　소중한 기내 방송이 끝나고, 드디어 내 첫 비행기가 떴다.
　나는 처음으로 구름을 뚫고, 하늘을 날았다.

두근두근.

무서워서 뛴 것이 아니었을 거다.

적어도 그 비행기 안에서의 떨림은, 100% 설렘이었다.

오사카 : 다시 만난 세계

드디어! 대한민국이 아닌 타국의 땅을 밟게 되었다. 아주 두근거리는 마음으로 간사이 공항 밖으로 나오자마자, 가장 먼저 든 생각은 대반전.

"여기, 서울이니??"

물론 서울은 그곳에서 꽤 가까이 있었지만, 인천 공항과 아주 흡사한 오사카 공항 분위기에 크게 놀랐다. 심지어 하늘에서는 우리 자매를 환영하는 듯, 비까지 내려주고 있었다.

우리가 첫 번째 코스로 정한 곳은 오사카 우메다 한가운데에 있는 관람차였다. 여행자들 사이에서 꽤나 유명한 곳인데 여행의 시작을 도심 한복판에서 찬찬히 오사카를 파악한 다음, 본격적으로 즐겨보자는 작가의 답사 본능 같은 의미였다. 우리는 우산을 들고 거리를 걸었다. 밖에 나와 한글이 아닌 간판들을 보니, 그제야 일본에 오긴 왔구나 싶었다. 숙소에서 잠깐 걸으니 눈앞에 빨갛고 작은 빛들이 돌아가는 관람차가 나타났다. 서툰 일본어로 '아리가또'만 외치고 들어간 관람차 안.

"어? 노래 들을 수 있다고 했는데?"

사전 조사를 할 때, 이 관람차에서는 스피커를 휴대폰과 연결 해 원하는 노래를 들으며 오사카의 밤을 즐길 수 있다고 했다. 그러나 우리의 그것은 하필, 고장이었다.

"그럼, 이렇게 들으면 되지~!!"

나는 아무렇지 않게 휴대폰 볼륨을 가장 크게 키우고, 음악을 플레이 했다. 원래의 나라면 예상했던 아이템을 소화하지 못했다고 화가 잔뜩 났을 테지만, 이상하게도 화가 나지 않았다. 음악을 업으로 삼고 있는 프로듀서 동생은 나의 선곡에 아주 만족 해 했다. 오사카의 첫날밤에 이 노래가 아주 딱 이라고.

> *'이 밤, 그 날의 반딧불을 당신의 창 가까이 보낼게요.*
> *음~ 사랑한다는 말이에요 ♪'*
>
> *– 아이유, 밤편지 中*

그 밤, 나는 누구에게 편지를 쓰고 싶었던 걸까?

예능작가라는 직업 때문에 꽤나 웃긴 여자가 되긴 했지만, 나는 태초부터 조용하고 수줍음 많은 사람이다. 말하는 것보다 듣는 것을 좋아하고, 나서기보단 따르는 쪽이 더 편한 소심한 사람. 하지만 나는 여행을 시작하면서부터 또 다른 나를 만나게 된다.

24시간도 채 머물지 않았는데, 나는 일본어로 아무 말 대잔치를 하기 시작한다. 고등학교 때 배운 짧은 지식과 일본어가 가능한 동생만 믿고, 머리를 거치지 않고 되는대로 일본어를 구사하기 시작한 것이다. 밥을 먹고 나오면서는 '이타다끼마스'(잘 먹겠습니다.), 호텔을 나가면서는 '오카에리나사이'(다녀왔습니다.), '아리가또'가 반말인 줄도 모르고, 뭣만 하면 '아리가또'를 외치고 다녔다. 한국에서도 낯선 사람들과 대화를 잘 하지 못하는 내가 대체 왜 그랬을까? 참 씩씩하게 웃으면서도 엉뚱한 아무 말을 내뱉고 다녔다. 개인적인 생각이지만 그 말을 들은 사람들도 크게 기분 나빠하지는 않았던 것 같다.

"저 자는 여행을 왔군. 게다가 일본어를 못 하는 군. 그래도 우리에게 말을 건네는군."

어떤 언어든, 아니 손짓 발짓이든, 여행자들의 언어는 따로 있는가 보다.

오사카에서의 둘째 날. 우리 자매는 꿈꾸던 놀이동산을 찾아갔다. 우리는 무서운 놀이기구에 영 재능이 없었지만, 여기까지 왔으니 죄다 타보자며 열심히도 뛰어다녔다. 뭐 하나 탈 때마다 '코와이데쓰까?'를 질문하던 동생. 알고 보니, '무섭습니까?' 였단다.

무서워도 놀이동산은 꽤 만족스러웠다. 마법 같은 여행을 바라며, 호그와트 해리포터 마을에서 버터 맥주도 마시고, 좋아하는 미키마우스 인형과 실컷 사진도 찍고, 잔디밭에 앉아 오니기리까지 먹었다. 주먹밥을 먹으며 문득 옆을 돌아보니 무시무시한 롤러코스터 하나가 질주하고 있었고, 우린 눈이 마주치자마자 말했다.

"저거 타볼래?"
"근데 언니 너, 괜찮겠니?"

내가 또, 서울이었으면 절대 근처에도 가지 않았을 롤러코스터를 타려고 하는 것이다.

노래가 아주 크게 나오던 우리의 롤러코스터가 하늘로 올랐다. 무려 90도로 꺾여 하강을 한단다. 두근거리는 심장이 무서워서 그런지, 빠른 비트의 노래 때문인지, 아니면 낯선 나 때문인지 고민할 때 쯤. 롤러코스터의 하이라이트가 시작되었다.

"꺄 아아아아아아아······."

다행히 살아있었다. 그런데 문제는 그때부터였다.

"WOW!! 어메이징!!! 유 후후~~!!"

나는 생에 처음으로 아드레날린이 폭발한 기분을 맛보았다. 마치 놀이동산에 처음 와본 어린아이처럼 폴짝 폴짝 뛰어다니고 소리를 지르는 나를 동생이 꽤나 부끄러워했지만 이 역시 나쁘지 않았다.

그렇다면, 내가 오사카에 다시 방문한다면 또 탈 것인가?
그때 심장나이를 따져보고, 결정하겠다.

저녁이 되어 우리는 도톤보리 거리 스타벅스를 찾았다. 엄청난 오사카의 인파와 복잡한 도시의 풍경이 한 눈에 보이는 카페에 앉아 있으니, 내가 여행 계획을 세우던 이태원역 스타벅스가 떠올랐다. 나는 꽤나 여기에 많이 와 본 사람처럼 다이어리를 꺼내 일기를 적기 시작했다.

'여기, 오사카 도톤보리 스타벅스에 앉아있다. 말도 안 돼. 여기가 일본이라니. 이태원이 아니라니. 내가 일본에 오다니…?'

나는 이렇게 서른이 훌쩍 넘어 나를 다시 만났다. 여행을 시작하지 않았다면 영원히 결코 만나지 못했을 나. 앞으로도 자주 보러 와야겠다.

오사카 : 나마비루면 충분해

이곳으로 여행을 떠나오기 전, 나는 정말 많은 일본 여행 자료를 수집했다. 서점에 있는 오사카 여행 가이드북은 거의 다 읽어봤으며, 여행자들의 후기들을 싹 다 뒤져가며 여행 계획에 참고했다. 실제로 인터넷에 '오사카 여행 3박 4일'이라는 키워드만 검색해도 어마어마한 정보들이 나온다. 나는 이 방대한 자료를 토대로 꼼꼼히 큐시트를 만들었다. 이걸 만드느라 오사카를 이미 몇 번이고 다녀온 것 같았으나, 전혀 힘들지 않았다.

방송을 할 때, 큐시트는 스태프 모두에게 가장 중요한 문서다. 스탠바이 시간과 촬영 장소는 물론이고, 녹화가 시작되면 각 시간별로 무얼 찍어야 하는지, 필요한 소품과 효과, 변수에 대비할 각종 비상 연락망까지 모두 적어서 큐시트 하나만 가지고도 녹화의 전부를 이해할 수 있도록 만들어야 한다. 이 문서를 만들기 위해 우리 작가들은 녹화 전까지 많은 날들을 지새운다. 특히 생방송 프로그램을 할 때는 1초, 1분마다 상황이 달라지기 때문에 빽빽한 큐시트만 몇 장이 나온다. 큐시트대로 진행되지 않는다면? 그야말로 방송 사고. 녹화방송이든, 생방송이든 예정대로 원하는 분량을 만들어내지 못하면 프로그램 자체의 퀄리티에 문제가 생기기 때문에 무슨 일이 생겨도 무조건 완벽하게 마쳐야 한다.

나의 여행도 마찬가지였다.

오사카에 온 지 고작 이틀 째, 나와 동생은 여행자들의 필수 코스를 밟게 된다. 함께 여행을 떠나면 무조건 경험하게 된다는 '싸움'이 시작된 것이다. 원래의 계획대로라면 낮까지 놀이동산에서 신나게 놀고, 새로운 스팟으로 떠나 또 다른 관광을 할 참이었다. 그러나 '코와이'한 놀이기구들을 너무 탔기 때문인지 동생은 숙소 침대에 누워 일어날 생각을 하지 않았다.

"난 힘들어서 도저히 못 가겠어. 꼭 가야 하는 것도 아니잖아?"

평크다. 새로운 곳에 가서 준비해 간 아이템들을 소화해야 하는데, 하지 못하게 된 나는 화가 잔뜩 났다. 심지어 그 근처 오꼬노미야끼 맛 집에서 저녁을 먹으려 했는데, 나에겐 숙소 근처에서 먹을 만한 예비 식당도 없었다. 내 인생 첫 해외여행의 고작 이틀 째. 큐시트가 꼬여버린 것이다.

나는 씩씩거리며 일단 홀로 호텔 밖으로 나섰다. 내가 오사카까지 왔는데, 누워만 있을 수는 없지 않은가. 작가의 순발력을 최대한 발휘하며 숙소 근처인 '우메다'를 둘러보기 시작했다. 나는 구글 지도 하나에 의존해 한참을 돌다 우메다역 근처에서 오꼬노미야끼 식당 하나를 찾았다. 검색을 해도 정보가 나오질 않으니, 맛 집인지는 알 수 없었다. 아니, 맛 집이 아닐 가능성이 훨씬 높았다. 하지만 우리에게 다른 선택의 여지는 없었다.

　동생을 데리러 다시 숙소로 돌아가는 길. 그새 익숙해진 우메다에서 나는 마음의 평온을 찾았다. 큐시트의 빈 공간을 나름 채웠다고 생각한 걸까?

　여행을 떠나기 전, 나는 계획을 짜간 만큼, 준비한 만큼, 그리고 완벽하게 일정을 소화한 만큼 여행의 만족도가 커질 것이라고 생각했다. 하지만 생각보다 빨리 큐시트는 꼬여버렸고, 생각보다 많이 길을 잃게 되더라. 어쩌겠는가. 나는 여행을 떠나왔고, 계획대로 이뤄지지 않는다고 나를 비난할 사람은 아무도 없다. 숙소를 나서던 내게 동생은 짜증을 내며 '꼭 가야하는 것도 아니잖아.' 라고 했다. 딱 맞는 말이었다.

　동생을 데리고, 우메다역 근처의 오꼬노미야끼집을 다시 찾았다. 우리는 먹고 싶었던 음식을 시켰고, 나는 홀가분해진 마음으로 여행을 준비하며 가장 열심히 외웠던 일본어를 아주 자신 있게 외쳤다.

"나마비루 쿠다사이♡" (맥주 주세요♡)

그리고 우리는 우메다역에서 뜻밖의 오꼬노미야끼 맛 집을 만나게 되었다.

후쿠오카 : 혼자 먹는 꿀

"매일 행복하진 않지만, 행복한 일은 매일 있어."

– 곰돌이 푸

푸는 매일 좋아하는 꿀단지를 끌어안으며 저렇게 말했다. 푸는 너무도 습관처럼 매일같이 꿀을 퍼 먹으며 결국 행복을 찾았다. 그야말로 '행복을 주는 꿀'에 맛이 들린 것이다. 첫 번째 해외여행 후, 나는 마치 푸처럼 여행에 제대로 맛이 들려 있었다.

오사카에서 집으로 돌아온 지, 단 두 달 만에 나는 두 번째 여행을 떠나게 된다. 그것도 아주 갑자기 즉흥적으로. 행선지는 초보 여행자들이 또 많이 찾는다는 일본 후쿠오카다.

"가고 싶다. 또 가고 싶다….”

습관처럼 이 대사를 말하던 어느 날, 문득 마음의 소리가 들렸다.

"그런데 왜 안 가니? 가면 되잖아??”

마침 나는 새 일을 시작하지 않아 시간이 많았고, 오사카에 갈 때 환전

해 둔 엔화도 조금 남아있었다.

"그럼 언제 가지? 지금 당장 가지 뭐!"

나는 서둘러 카페로 들어가 비행기 표를 검색했다. 당장 떠날 수 있는 항공편은 아주 많았고, 용기 내어 클릭. 이렇게 너무도 쉽게 나의 두 번째 해외여행이 시작되었다.

서둘러 숙소를 예약 하려는데 갑자기 또 무슨 용기가 생겼는지 메인 도시 말고, 조금 떨어진 한적한 동네로 가고 싶어졌다. 관광지들과도 좀 멀고 여러 번 지하철을 갈아타야 한다는데…. 에라 모르겠다. 그렇게 숙소까지 지르고 서둘러 여행 큐시트를 짜기 시작했다.

후쿠오카는 주변에 안 가본 친구가 없을 정도로 많은 사람들이 찾는 대표적인 여행도시라 계획을 세우는 것이 어렵지는 않았다. 또 지난 여행에서 깨달은 바가 있었는지 꽤 빈구석이 생긴 심플한 타임테이블이 완성되었고, 이번에는 캐리어 대신 배낭에 간단한 짐을 집어넣었다. 여기까지 아주 능숙하게 여행을 준비했지만, 가장 큰 문제는 따로 있었다. 이번에는 같이 갈 사람. 즉 보호자가 없는 '나 홀로 여행'이라는 것….

"공항 수속하는 거 무서운데… 말도 안 통할 텐데…. 나 아무 말 대잔치해서 식당도 제대로 못 들어갈 텐데…. 그리고 무엇보다 겁나 외로울 텐데…?"

그러나 준비 끝. 출발은 또 내일이다.

이미 오사카를 통해 일본 여행 답사를 마친 나는 무사히 후쿠오카행 비행기를 타고 일본에 도착할 수 있었다. 메인 스팟과 조금 떨어져 있는 나의 숙소에도 무난하게 지하철을 타고 도착했다. 물론 일본어가 가능한 동생이 없었기 때문에 지난번 선보였던 '아무 말 대잔치'는 하지 못하고, 대신 휴대폰 번역기가 늘 함께했다.

나는 후쿠오카의 첫 번째 행선지 '모모치 해변'으로 향했다. 인공으로 모래 해변을 만들었다는 이곳은 유명한 일몰 명소이기 때문에 첫날 저녁 행선지로 선택했는데 주룩주룩, 때마침 또 비가 내려 하늘이 어두워졌다. 마음에 드는 풍경은 담지 못하고 바로 옆에 있는 후쿠오카 타워 전망대에 올랐다. 불빛들이 하나 둘 켜지는 후쿠오카의 전경이 훤히 보이는 이곳. 한참을 멍 때리며 문득 주변을 둘러보니, 어허… 여기 홀로 온 사람은 나뿐이었다. 순간, 나는 엄청난 외로움을 쓰나미처럼 느꼈다. 역시 아직 혼자 여행은 무리였을까?

외로움 가득 안고 타워를 내려와 모모치 해변을 지나쳐 가려는데, 반짝. 하늘이 조금씩 맑아지면서 보고 싶던 핑크빛 일몰이 나타났다. 나와 함께 타워를 내려온 수많은 커플과 가족들은 신나서 기념사진을 남겼고, 나는 예쁜 풍경들만 실컷 찍은 뒤, 또 멍하니 핑크빛 하늘을 바라봤다. 엄마의 고향 목포에서 만났던, 그 핑크빛 하늘과 비슷한 색이었다.

다시 지하철을 타고 숙소 근처인 나카스 강변을 찾았다. 수많은 가이드 북에 나카스 강변의 포장마차는 꼭 들러야 한다고 적혀 있었지만, 혼자서 갈 엄두는 나지 않았다. 씁쓸해하며 숙소로 돌아가는 길. 동네 큰 마트에 들러 간단히 먹을거리를 사기로 했다. 평소에도 대형마트에서 장보는 걸 아주 사랑하는 나였기에 신나게 맥주와 안주거리를 고르고, 무려 반값 할인이 붙은 초밥 한 접시도 집었다. 실컷 장을 보고나니 문득 이런 생각이 들었다.

"오호라~ 나 좀 현지인 같네?"

그러자 외로움이 입속에 초밥마냥 쏙. 사라졌다.

아마도 내가 그동안 쉽게 여행을 떠나지 못했던 이유 중 하나는 같이 갈 사람이 없었기 때문일지도 모른다. 가족여행은 그럴만한 이유로 쉽지 않았고, 프리랜서 방송일 덕에 친구들과는 시간을 맞추기 너무 어려웠던 것이다. 후쿠오카행 비행기 표를 지르지 않았다면 아마도 알지 못했을 것이다. 혼자서도 할 수 있다는 걸.

호텔에 돌아와 TV를 켜니 마침 또, 축구 한-일전을 하고 있었다. 나는 사 온 맥주를 까 마시며, 남들과는 다르게 한국을 열심히 응원하면서 오늘의 나를 칭찬했다.

그리고 원래, 혼자 먹는 꿀이 더 맛있다!

후쿠오카 : 돈키호테의 모험

　조금 늦게 여행을 떠나기 시작한 '늦은 여행자'들은 언제나 체력의 장벽에 부딪히고 만다. 그러나 우리들에게도 젊은 여행자들보다 조금 나은 게 있다. 아무래도 주머니 사정이 살짝 넉넉해졌고, 여행지에서 뭔가 결정해야 할 때, 조금 더 축적된 삶의 노하우로 빠르게 결정할 수 있다. 특히 뭔가 질러야 할 때, 그 결정은 더 쉬워진다.

　즉흥적으로 떠나온 후쿠오카였지만 내겐 소기의 목적이 있었다. 그것은 바로 '홀로 떠난 해외에서 쇼핑 성공하기!' 평소 관심도 없고 잘 알지도 못하는 명품류의 것들이 아니라, 내가 유일하게 돈을 아끼지 않는 예쁜 문구와 작은 소품들을 가득 담아오고 싶었다. 일본 특유의 소확행스러운 감성들을 담아오면 볼 때마다 내가 기특해질 것 같았다… 랄까? 무엇보다 내가 떠나온 이곳 후쿠오카는 쇼핑의 메카라고 소문난 곳이지 않은가.
　나는 후쿠오카가 살짝 적응이 되자마자, 그 유명하다는 쇼핑몰 '캐널시티'로 향했다. 각종 가이드북마다 하루 종일 봐도 시간이 부족하다는 찬사를 늘어놓던 후쿠오카의 랜드마크. 내가 과연 얼마나 지를 수 있을까? 혼자 엔화로 살 수는 있을까? 두근거리며 도착했는데, 어디서 굉장히 많이 본 풍경이 펼쳐졌다.

"캐널시티?? 용산역 + 고터에 왔군."

나는 집에서 가장 가까운 쇼핑몰과 대형 마트가 있는 용산역과 고속터
미널을 자주 찾는데, 내가 만난 '캐널시티'는 딱 그 두 개를 합쳐놓은 모
습이었다. 너무 익숙해서 그런지 설렘은 금세 사라졌고 그럴 때마다 '정
신 차려. 여기는 일본이라고!!'를 되새겼으나 쇼핑에는 별 소득이 없었다.

"괜찮아. 나는 돈키호테니까!"

나는 주문을 외우며 '캐널시티'를 나와 다음 쇼핑 코스로 향했다. 이번에 찾을 곳은 우리나라의 '가로수길 + 연트럴파크' 비스무리 하다는 '소호거리'. 이곳은 예상했던 대로 예쁜 소품샵, 편집샵들이 가득했지만 익숙한 풍경은 어김없었다. 생각보다 비싼 가격들에 뭐하나 사지도 못하고 발길을 돌렸다. 뭣도 해본 사람이 잘 한다고, 아직까지 여행지에서의 과다 지출은 무리인가 보다. 여행을 많이 다녀본 사람들은 어떤 걸 사고, 말아야 할지가 딱딱 보인다고들 하는데 나는 아직까지 쇼핑 까막눈이었다. 예쁜 쓰레기가 될 것 같기도 하고, 소중한 보물로 남을 것 같기도 한데…. 나는 결국 우물쭈물하다가 아무것도 고르지 못했다. 우울해진 나에게 또 주문을 걸었다.

"괜찮아. 나는 돈키호테잖아?!"

돈키호테는 한국 관광객들이 아주 사랑하는 일본의 유명 쇼핑 매장으로 온갖 신기하고 예쁘고 심지어 싼 물건들이 가득한 곳이다. 이미 오사카에서 그 맛을 살짝 본 나는 쇼핑데이의 마지막 동선으로 돈키호테를 계획하고 있었다.

드디어 후쿠오카 쇼핑데이편의 하이라이트 촬영! 돈키호테에 도착했다. 휴대폰에 저장해둔 쇼핑리스트를 꺼내들고 하나씩 물건을 담기 시작한다. 어느새 장바구니가 선물들로 가득 찬 순간. 나는 내가 캐리어대신 배낭 하나를 메고 이곳에 왔음을 깨달았다. 그렇다면 양보다 질로 채워서 쇼핑 해야지! 물건들을 다시 덜어내고 꼭 사갈 것들을 다시 골라보는데 안 해도 될 생각이 훅 머릿속을 스쳐 지나갔다.

"흠…. 이거 우리 동네 다이소에 있는데?"

그 생각을 하자마자 그렇게 기대하던 돈키호테에서도 별다른 감흥이 느껴지지 않았다. 지난 여행 때 미리 경험했기 때문일 수도, 또 캐리어가 없어서 그런 것인지도, 하루 종일 실망 가득한 쇼핑 때문이었을지도 모르지만, 어쨌든 이게 방송이었다면 이번 아이템은 완전 망쳤다.

물론 촬영을 하다보면 실망을 하게 되는 경우가 종종 발생한다. 열심히 한 자료조사와 실제가 다르기도 하고, 답사 때 애써 섭외해 놓은 장소나 인물이 갑자기 잠적해 버리기도 하며, 출연자들이 예상치 못하게 말썽을 부리기도 한다. 그럴 때면 작가들은 순발력을 발휘해 후다닥 아이템을 바꾸고 즉석에서 뛰어다니며 섭외를 한다. 출연자들에게 달라진 내용을 설명하고 설득하느라 애를 먹기도 한다. 그런데 내가 여행을 와서까지 대본을 수정하게 되다니!

내가 상상하고 기획했던 후쿠오카 쇼핑은 현실과 너무 달랐다. 무엇보다 우리 집 주변에서도 쉽게 보고, 살 수 있는 것들이라는 점이 가장 충격적이었다. 원래 그런 모습이고, 원래 그렇게 팔고 있었던 것인데, 굳이 돈키호테까지 다녀온 뒤에 알게 되었다. 도대체 왜 나는 여기 후쿠오카에서 굳이 그것들을 사려했을까?

사람들이 저마다 여행에 대해 기대하는 것은 무엇일까? 적어도 나는 여행을 떠나면 그 기대 정도는 쉽게 채울 수 있다고 생각했다. 기대는 여행의 목적이 되어 우리를 이끌어 주니까 말이다. 하지만 좋은 풍경을 기대한 사람들에게도 비는 내리고, 낭만적인 사랑을 꿈꾸는 자들은 끝까지 외로울 수 있으며, 휴식을 기대했지만 생각보다 빡셀 수도 있는 것이 바로 여행이다. 나는 조금 늦게 홀로 떠난 후쿠오카에서 '쇼핑 대참사'를 통해 이것을 깨달았다.

모든 여행은 기대와 다를 수밖에 없다.
그러나 분명한 것은 늘 기대 이상의 무언가를 가져다준다는 것이다.
그러니, '조금 늦은 여행자'들이 애써 미리 실망하지 않기를.
그 실망 때문에 설렘까지 깨지지 않기를 바란다.

다자이후 : 천 개의 소원

후쿠오카 여행 이튿날, 나는 후쿠오카 근교 도시 '다자이후'로 향했다. 이곳은 후쿠오카 중심에서 급행 기차로 30분이면 갈 수 있는 곳이라 많은 여행자들이 찾는 곳이다. 그곳에서 내 타임 테이블은 이러했다.

NO.	시간	장소	내용	비고
1	1PM	텐진역 → 다자이후역	▶ 다자이후역으로 이동	
2	2PM	다자이후 거리	▶ 다자이후 도착 - 다자이후 스타벅스 라떼 한 잔 (사람들 관찰&다이어리 정리) - 기념품 쇼핑	☑ 스벅 외관 사진 찍기 ☑ 기념품(EX.젓가락 세트, 손수건, 비누 등)
3	3:30PM	다자이후 텐만구	▶ 다자이후 텐만구 도착 - 다리 건너 연못 구경 - 소 동상 보기+소원 빌기	☑ 소 동상 사진 찍기
4	6PM	다자이후역 → 텐진역	▶ 텐진역으로 이동 ▶ 숙소 돌아가기	☑ 편의점 맥주&간식 구입

하지만 첫 번째 장소 텐진역으로 향하자마자 큐시트는 꼬이기 시작했다. 예보에 없던 비가 또 내리기 시작한 것이다. 툴툴거리며 우산 하나를 사들고 역에 도착했으나, 바로 직전에 떠나버린 다자이후 행 기차. 나는 다음 열차를 꽤 오래 기다렸고, 그렇게 큐시트의 첫 줄부터 시간이 어그러진 채 다자이후에 도착했다.

다자이후 텐만구로 향하는 거리는 비 오는 날씨에도 많은 여행객들로 북적였다. 걷다 보니, 두 번째 목적지 '다자이후 스타벅스'가 나타났고, 기쁜 마음에 뛰어 들어갔으나 자리는 만석. 유명하다는 독특한 외관만 실컷 보고 다음 장소인 기념품샵으로 향했다.

'일본일본'한 캐릭터 소품들을 사서 지인들에게 선물할 생각이었는데, 예상보다 비싼 가격에 들었다~ 났다~ 방황하다가 결국 또 쇼핑 실패. 속이 타서 시원한 거라도 한 잔 마시고 싶었는데 주변에 마땅한 가게는 보이지 않았고, 그냥 속이라도 채우자 싶어 눈앞에 보인 '구운 모찌' 하나를 사들고 비 오는 거리를 걸었다.

계획대로 이뤄진 것이 단 하나도 없던 여행 둘째 날. 이게 방송이었다면 편집을 통해 아주 짧게 나갔거나, 아예 '운수 안 좋은 날' 엉망진창 여행 에피소드로 만들어야 했을 것이다.

그러나 적어도 내 인생에서의 다자이후 여행은 통 편집이 아니었다.

나는 '다자이후 여행' 에피소드의 하이라이트로 향했다. '다자이후 텐만구'는 '학문의 신'을 모시는 곳인데 입구에 있는 소 동상의 머리를 만지면 머리가 좋아진다는 속설이 있다. 바로 그 소를 만나러 가는 길이다.

이미 동상 앞에는 우산을 쓴 많은 사람들이 모여 있었고, 다들 간절한 마음을 담아 저마다 머리에 손을 대었다. 시험이나 취업을 앞둔 사람들이 자주 찾는 곳이라던데, 꽤나 정성스레 소원을 비는 듯 했다. 그리고 그들 한가운데에 선 나도, 조금은 낯선 소원을 빌며 동상을 어루만지기 시작했다.

"학문의 신님, 현명한 선택을 하게 해 주세요!"

이제까지 나는 어딘가에서 소원을 빌 일이 생기면 항상 같은 내용의 것을 빌었다. 내 생일 초를 불거나, 해가 바뀌는 제야의 종소리를 듣거나, 떨어진 속눈썹을 불 때도 같은 소원이었다.

"우리 엄마, 건강하게 해주세요."

다른 걸 빌 이유도, 여유도 없었다.

그랬던 나의 소원이 학문의 신 앞에서 처음으로 바뀐 것이다. 오롯이 나를 위한 소원으로.

내가 좋아하는 니체 아저씨는 '사물을 바라보는 데는 천 개의 눈이 있으며, 우리가 나아갈 수 있는 길에는 천 개의 길이 있다.'고 말했다. 다자이후로 향한 천 개의 길. 그 중에는 엉망진창이 되어버린 계획, 자포자기로 비나 즐기겠다는 마음, 가장 큰 목적인 소원을 빌었으니 성공이라는 긍정의 결과도 있을 것이다. 모두 내 발걸음으로 채웠던 나의 길이다.

제 3자가 되어 바라본 나의 여행은 객관적으로, 더욱 풍부해졌다.
그 모든 길이 틀린 게 아니라는 사실을 깨달은 것만으로도 이미 이 여행은 괜찮은 것이 된 것이다.

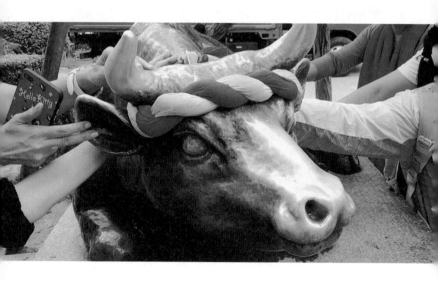

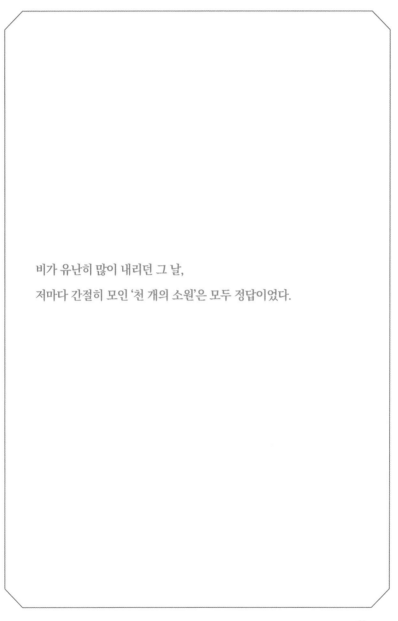

비가 유난히 많이 내리던 그 날,

저마다 간절히 모인 '천 개의 소원'은 모두 정답이었다.

바르셀로나 : 그, 거리에서

내가 막내작가였던 시절, 예능 프로그램은 스튜디오물 천지였다. 나도 주로 스튜디오물 위주로 일했기 때문에 야외를 뛰어다니며 새까맣게 타거나, 매일 같이 지방으로 답사를 가는 동기 작가 친구들의 삶은 잘 알지 못했다. 그냥 빡세 보이기만 할 뿐…. 그러다 야외 버라이어티 장르가 하나 둘 좋은 반응을 얻으며 야외 물들이 늘어나기 시작했고, 야외 촬영은 국내를 넘어 해외 촬영으로까지 이어졌다.

때때로 해외 촬영 포맷의 프로그램을 할 기회가 있었지만 그럴 때마다 난 선택할 수 없었다. 답사부터 촬영까지 꽤 많은 날들을 엄마와 떨어져 있을 자신이 없었고, 해외여행 경험도 없는 내가 프로그램을 이끌어 가기 힘들 거라고 생각했다. 그러나 늘어만 가는 해외 포맷 프로그램들을 보며, 언제까지 피할 수는 없겠구나~ 하고 생각한 것도 사실이다.

나 홀로 후쿠오카까지 다녀온 어느 날,
나는 드디어 해외로 떠나는 프로그램을 만나게 된다.

방송일 자체가 다 바쁘고 힘들지만, 유난히 일복이 많은 작가들이 있다. 뭘 시작해도 규모가 갑자기 커지고, 손이 많이 가는 아이템들만 쏙쏙 골라가는 그런 작가. 그래 나다. 타고난 일복의 작가.

나의 첫 해외 촬영은 무려 4개국, 무려 7박 8일의 일정으로 시작했다. 크루즈를 타고 지중해 유럽 4개국을 돌며 크루즈 여행도 하고, 매일 배에서 내려 각 나라 여행까지 해야 하는 프로그램. 심지어 크루즈에 내리고 타는 시간도 정해져 있어 여유롭게 여행도 할 수 없는 아주 위험하고, 빠듯한 촬영. 게다가 필요한 언어는 영어, 스페인어, 불어, 이태리어까지⋯. 그냥 한 나라 촬영 준비만 해도 힘든 것을 또 내가 맡은 덕에 일이 커졌나 보다. 분명히 다시 한 번 말하지만, 나의 첫 해외 촬영이었다.

해외 촬영의 경우, 국내에서 모든 것을 완벽하게 준비해 가야 하기 때문에 사전 작업이 더욱 힘들다. 우리도 역시 떠나기 전날까지 밤을 꼴딱 새우고, 공항으로 향했다.

솔직히 말하면 너무 힘들었기 때문에 공항에서 오프닝 촬영을 어떻게 했는지 별로 기억이 나지 않는다. 현장에서 작가에게 가장 중요한 것은 출연자들에게 신뢰를 주는 일이기에 마치 유럽을 여러 번 가본 사람처럼, 크루즈 여행을 해본 사람처럼, 출연자와 매니저들에게 '걱정하지 마세요~ 잘 다녀올게요~ 저만 믿으세요~'를 반복했을 뿐이다. 피곤함과 부담감에 떨리고, 설레고, 자시고도 없이 비행기 탑승. 우리의 첫 번째 목적지는 크루즈가 출항하는 스페인 바르셀로나.

바르셀로나로 향하는 약 스무 시간의 비행 동안 나는 난생처음으로 기내식을 먹었고, 비행기에서 화장실도 가고, 잠도 잤다. 잠들기 전에는 기내 맥주까지 한 잔 했다. 하지만 내 손에는 7박 8일간의 대본이 쥐어져 있었기 때문에 설렘보다는 역시 걱정이 가득했다. 당장 내리자마자 써 먹어야 하는 스페인어 회화를 외우며 나의 첫 해외 촬영이 무사히 끝나기만을 바랐다. 역시 일하러 가는 해외는, 여행이 아니었던 것인가.

바르셀로나 공항에 도착해 입국 심사를 마치자, 나의 여권에는 도장 하나가 더 생겼다. 내가 여권에 첫 도장을 찍은 지 불과 1년 만이었다.

"이곳이 스페인이구나~ 유… 유럽이구나. 내가 유럽에 왔구나!!"

도장 자국을 만지작거리니 슬슬 설렘 비슷한 감정들이 생겨났고, 얼른 밖으로 나가 바르셀로나 촬영을 시작할 생각에 기대가 되기 시작했다. 그렇지. 아무리 일로 왔지만, 그래도 유럽 아닌가!!

하지만 모두 다~ 여행 하는 건 재미가 없지?

예능 프로그램에서 자주 쓰는 장치로 '복불복' 이라는 것이 있다. 승자와 패자의 모습이 가장 극단적으로 보이는 쉬운 구조이기 때문에 단골로 등장하는 게임 구성 방식이다. 우리들도 바르셀로나에 도착하자마자 복불복 게임을 시작했다. 승자들은 크루즈를 탑승하기 전까지 바르셀로나를 여행하고, 패자들은 떠나는 항구 앞에서 수많은 짐들을 미리 부치고 기다려야 하는 아주 잔인한 벌칙이었다. 내가 담당한 출연자에 따라 작가들의 운명도 결정된다. 에이 설마, 내가 대본을 다 썼는데 여기 남겠어?

게임 시작.

나는 출연자님들 덕분에 벌칙을 받는 항구팀으로 결정되고 만다. 승자들은 캐리어를 잘 부탁한다는 말과 함께 서둘러 관광지로 떠났다. 항구에 남은 작가는 나뿐이다.

항구니까 예쁜 바다라도 보이겠지…. 기다리면서 스페인 커피나 한 잔해야지…. 그러나 이건 뭐, 오사카에서 만난 서울보다도 더 최악이었다. 크루즈에 가려 바다는 거의 보이지도 않았고, 말도 안 통하고, 앞에 카페는커녕 컨테이너 박스들만 가득한 항구였다. JUST 그냥 항구.

실망도 잠시, 나는 슬슬 분량 걱정이 시작 되었고 마침 그 때, 출연자가 즉흥적으로 제안을 하나 한다.

"우리끼리 복불복 한 번 더해서 한 사람만 밥 먹으러 가는 거 어때?"

통역과 현장 진행을 도와주는 현지 코디님이 이미 승자 팀과 떠나버렸기 때문에 아주 살짝 고민했으나, 사심 가득 담아 진행하기로 했다.

"어머, 너무 굿 아이디어다!! 대신 편집 안 되게 잘 살려주세요!"

두 명의 벌칙자 중, 잠시 구원을 받을 한 명의 출연자가 결정 되었고 나는 항구에 있는 직원들에게 번역기를 들이대며 근처에 있는 식당가를 물었다.

"@ ??? ### ? 람블라스 ??!"

사전 조사를 열심히 한 덕에 단어 하나를 찰떡같이 알아듣고 출발했다.
바르셀로나를 대표하는 관광지, '람블라스 거리' 로!

거리에 도착하자마자 나는 여기저기 뛰어다니며 촬영할만한 식당을
찾았고, 작가의 초인적인 능력을 발휘해 현장 섭외에 성공했다. 우리는
그곳에서 빠에야 한 접시를 먹고, 거리를 조금 거닐기로 했다.
밥을 먹고 셰프에게 감사 인사까지 하고 나오니, 그제야 람블라스 거리
가 눈에 들어왔다. 나의 사전 조사에 의하면 이곳은 '세상에서 가장 매력
적인 거리'로 바르셀로나에 오면 반드시 들려야 할 곳이었다. 뛰어다닐
때만 해도 사람들 얼굴 하나 보이지 않았는데, 메인 촬영이 끝나자 거리
가득한 여행자들의 표정, 건물마다 붙어있는 스페인어 간판, 바르셀로나
를 상징하는 크고 높은 나무들이 보였다. '아, 내가 스페인에 오긴 왔구
나.' 나오지 않았다면 영원히 몰랐을 뻔 했다.

이토록 나의 첫 스페인은 아주 강렬한 인상을 남겼다. 내내 항구 앞에
묶여 있다가 딱 하나 만난 '람블라스 거리', 혼자 먹는 게 미안했는지 출
연자가 딱 한 입 건넸던 '빠에야'. 그리고 여행을 마치고 돌아온 스탭들이
입에 넣어준 한 조각의 '츄러스'까지.
딱 하나 였지만 의미는 어느 것보다 컸다. 더 이상 이태원이 아닌 바르
셀로나에서 맛본 한 입이었고, 가이드북이 아닌 내 눈으로 만난 거리였

으며 나름의 번역기와 들이댐으로 스페인 현지인과 소통까지 하지 않았
는가. 이것이 내 첫 유럽의 기억이다.

　길이나 깊이와는 상관없이 내가 본 것에 나만의 의미를 더하는 것.
　이것이야말로 작은 여행도 행복하게 만드는 비법이 아닐까.

　그러니, 분량 상관 말고 뭐라도 많이 해야 하지 않겠는가!

지브롤터 : 소중한 건 모르겠지만 확실한 행복

스페인 남쪽 끄트머리. 영국령 영토인 '지브롤터'가 있다. 이곳은 유럽의 최남단 도시이며, 살짝 바다만 건너면 아프리카 대륙의 모로코까지볼 수 있기 때문에 스페인, 포르투갈을 여행하는 여행자들이 자주 찾는다고 한다. 바르셀로나 항구를 출발한 우리의 크루즈는 하루 만에 지브롤터에 닿았고, 나의 두 번째 해외 촬영도 시작되었다.

여기는 영국인가? 하기도 전에, 우리는 어김없이 복불복 게임을 시작했다. 게임을 해서 꼴찌 두 명은 배에 남아 크루즈에서 일을 하고, 승자들은 팀을 나눠 각자의 코스로 지브롤터를 여행하는 오늘의 일정. 우리는 대표적인 관광지인 '바위산'에 올라 지브롤터를 상징하는 원숭이들과사진을 찍는 코스, 또 다른 관광지 '전망대'에 올라서 바다 건너 모로코를볼 수 있는 코스, 그리고 국경을 넘어 스페인 땅을 걸어볼 수 있는 코스를마련했다. 방송을 떠나 나는 바위산에 오르고 싶었다. 사람을 때리고 주머니를 뒤지기로 악명 높은 원숭이었지만 동물을 참 좋아하는 내가 해외에서 동물을 만날 수 있는 첫 번째 기회였으니 말이다.

그러나 이 날 내가 담당하게 된 팀은 스페인으로 향하는 코스.
이름부터 무시무시한 '도보팀' 이었다.

야외 촬영을 할 때, 우리 작가들은 언제나 출연자들에 앞장서서 걸어가야 한다. 사전 답사나 자료조사를 통해 촬영 동선을 미리 알고 있기도 하고, 찍어야 할 아이템을 미리 점검하거나 혹시 모를 돌발 상황에도 대처해야 하기 때문이다. 그래서 우리들은 늘 출연자들보다 먼저 어떠한 풍경, 장소, 사람들을 만나게 된다. 물론 미리 리액션은 절대 하면 안 된다!

그날도 나는 현지 코디님과 씩씩하게 앞장 서 걷고 있었다. 아직 항구 근처라 그런지 내가 상상했던 유럽유럽한 거리는 보이지 않았다. 걷다보면 나오겠지…. 그리고 얼마 되지 않아, 코디님이 발길을 멈췄다.

"휘~~~ 잉~~"

우리가 도착한 곳은 지브롤터 공항. 스페인까지 국경을 넘어 걸어가려면 이곳의 활주로를 걸어야 한다. 물론 미리 알고는 있었지만 생각보다 빨리 도착한 지브롤터 공항은 아주 길고, 곧게 뻗은 진짜 활주로뿐이었다. 우리들은 활주로 위를 달리기도 하고, 컨셉을 잡아 워킹 하기도 하

고, 한 가운데에 서서 사진도 실컷 찍었지만 슬슬 분량 걱정이 다시 되기 시작했다. '이 활주로로만 끝나면 바로 스페인이라는데…' 그렇게 입국 심사를 거쳐 스페인으로 건너갈 때까지 내 머릿속은 분량 걱정뿐이었던 것 같다.

걸어서 스페인 도착. 난 또 출연자들보다 몇 걸음 앞서 국경을 넘었다. 촬영 1일차(바르셀로나)의 기억이 거의 없던 나에게 국경 넘어 만난 스페인 거리는 처음, 그 자체였다. 지브롤터 공항과 맞닿은 광장을 넘어 골목 안으로 들어가니 드디어 유럽! 내가 상상하던 그 유럽유럽한 골목이 보였다. 물론 촬영을 하느라 나는 빨리 걷다, 뒤로 걷다를 반복했을 뿐이지만, 예쁜 스페인 골목을 만난 출연자들의 리액션은 최고였다.

우리는 한참을 걷다 작은 노천카페에 앉아 잠시 쉬어가기로 했다. 물론 카메라는 계속 돌고 있다. 그리고 드디어 나도 커피 한 잔을 맛볼 수 있었다. 촬영 중이니까 아주 빠르게 한 모금 꿀꺽. 캬. 유럽의 맛이었다.

'소확행'이라는 말이 한참 유행했을 때, 나는 그것을 이해할 수 없었다. 힘든 현실을 그냥 적당히 즐기며 살면 되지 굳이 행복까지 느껴야 할 필요는 없다고 생각했다. 그야말로 행복이란, 오래 바라고 기다렸다가 한 번에 팍! 느끼는 것이 제 맛이라고 말이다. 하지만 그 여행지에서 나는 누구보다 짜릿한 소확행을 맛보았다.

여행을 하면서 '기대했던 것'을 채우기도 어렵지만, '큰 행복'을 맛보기는 훨씬 더 어렵다. 고작 3박 4일, 고작 한 달, 심지어 나처럼 일과 여행을 함께한 자들에게 얼마나 기적 같은 일들이 일어나겠는가. 하지만 여행지에서의 행복은 그 어떤 것보다 확실하다. 내가 걷고, 내가 마시며 느낀 확실한 행복. 아주 엄청나게 소중한지는 모르겠으나 이 확실한 행복을 받아들이는 것이 좀 더 좋은 여행을 하게 될 지름길 인 것 같다.

로마 : 아쉬움과 설렘 사이

내 생에 첫 번째 유럽. 항구만 실컷 봤던 바르셀로나와 활주로만 실컷 걸었던 지브롤터. 그보다 더한 여행도 있었다. 짠내 가득한 버스가 달리던 이탈리아 로마….

바르셀로나에서 크루즈는 출항했고, 7박 8일간 아름다운 지중해를 돌며 촬영은 계속되었다. 그러나 엄청난 촬영 스케줄과 수많은 복불복 탓에 나의 영혼은 지중해 위에 둥둥 떠다니고 있었다.

크루즈 여행의 마지막 날. 배는 긴 일정을 마치고 우리를 이탈리아 로마에 데려다 주었고, 우리는 이곳 로마 공항에서 인천 공항으로 돌아갈 예정이었다. 하선을 하고 비행기가 출발하기까지 남은 조금의 시간 동안 우리는 또 여행을 하기로 한다. 이번 여행 컨셉은 '로마 시내 버스 투어'. 자세히 둘러보기에는 시간이 부족하고, 그렇다고 그냥 돌아가기에는 아까워서 택한 최선의 코스였다.

이탈리아는 그동안 여행과 담을 쌓고 살아왔던 나조차 가보고 싶었을 정도로 많은 사람들이 꿈꾸는 여행자들의 나라다. 게다가, 이곳 로마는 엄청난 볼거리와 먹거리는 물론이고 온갖 낭만과 설렘과 로맨스가 가득한 곳이지 않은가.

"로마를 버스 안에서만 보다니…. 아니, 이렇게라도 보는 게 다행인가?"

그렇게 아쉬움과 설렘을 가득 실은 버스가 출발했다.

버스는 우리가 미리 열심히 짜놓은 코스대로 돌기 시작했다. 유명 관광지들이 보일 때마다 현지 코디님의 유창한 설명도 이어졌다.

[바티칸시티 ⇒ 천사의 성 ⇒ 로마법원 ⇒ 마르첼로 극장 ⇒ 베네치아 광장]
"오른쪽에 보이는 이곳은~ 왼 쪽에 서있는 이 건물은~ 이곳이 바로~!"

마치 가이드북을 3D로 보는 듯한 착각에 빠질 정도로 코디님은 유쾌하게 가이드를 해주셨지만, 설명을 들을수록 직접 내려서 보지 못한 아쉬움은 커져만 갔다. 어느 정도 버스가 달리자, 그런 우리들을 현실로 다시 불러온 한 마디가 이어졌다.

"시간이 약간 남았으니, 마지막은 직접 내려서 보고 옵시다."
"어딘데요?"
"콜로세움!"

로마하면 가장 먼저 떠오르는 콜로세움을 코앞에서 볼 수 있다니. 출연자부터 제작진까지 몽땅 들뜬 우리들은 버스가 서자마자 뛰어 내려갔고, 얼마 없는 시간 덕에 코디님의 간단한 설명만 들은 뒤 단체 사진을 후다닥 찍었다. 물론 나는 찍어주는 쪽. 사진 한 장 못 남기고 다시 버스에 탔다. 마치 3D 가이드북을 4D로 본 느낌이었지만, 출연자들이 만족했으니 그걸로 되었다.

이렇게 아쉬움과 설렘 사이에서 나의 첫 해외 촬영은 종료 되었다.
- 촬영 끝 -

'올라', '봉주르', '본조르노', '헬로우'를 외치며 센 척하던 촬영지들을 떠나고 나니, 그제야 내가 유럽 곳곳을 누비고 다녔다는 사실에 얼떨떨해졌다. 불과 1년 전만해도 처음 타본 국제선 비행기 안에서 손이 땀으로 흠뻑 젖었는데…. 방송 덕분이지만, 마치 유럽 여행을 털어낸 것 같은 기분까지 들었다. 내가 이곳들을 촬영이 아니라 여행으로 왔다면 어땠을까? 보다 천천히 누비고 머물렀다면 더 좋았겠지? 아쉬움이 밀려왔지만, 내가 느낀 건 아쉬움뿐이 아니었다.

"괜찮아. 눈으로만 담아도 충분해!"

눈으로만 바라본 로마는 나에게 다시 찾을 마음을 저절로 선물했다.
다시 찾았을 때, 그 감동은 또 어떠하겠는가.

나는 이 마음을 깨달은 순간, 더 이상 '조금 늦은 초보 여행자'가 아님을 깨달았다.

'초심자의 행운' 이라는 것이 있다.

무엇이든 처음 마음을 먹고 도전하는 사람에게는

설명할 수 없는 방식으로 행운이 따라준다는 말이다.

여행지에서 길을 잃고 헤매다가도 뜻밖의 좋은 풍경을 만나고,

날씨의 변덕으로 장소가 바뀌어도 뜻밖의 영감을 얻고,

부족한 시간 속에서도 길게 여행 한 듯 감동을 받는 그런 것.

하지만 초심자가 아닌 자들은 이것을 '함정'이라 부르기도 한다.

처음의 설렘이 너무 커서 실수 따윈 안 보이는 마법이고,

콩깍지라고 말이다.

처음 여행하는 사람만이 느낄 수 있는 콩깍지라!

제대로 씌어도 괜찮다.

여행지에서의 모든 에피소드는 몽땅 초보 여행자를 위한 응원일 테니.

"괜찮아, 처음이야!"

#3.

여기도, 나의 별

이태원 : 여행 돌 + I의 시선

1년 중, 이태원이 가장 바쁜 날은 10월 마지막 주 '할로윈 데이' 이다. 이날은 이태원역 삼거리는 물론이고, 골목마다 각종 분장과 코스튬을 한 사람들이 가득 차 걷기조차 힘들어 진다. 언젠가 아이돌 출연자를 인터뷰하는데, 분장을 하고 사람들 몰래 할로윈을 즐겼을 때가 최근 몇 년 중에 가장 행복했다고 하더라. 그 말을 들으며, '이 친구에게 이태원 여행은 꽤 행복했겠군.' 이라 생각한 적이 있었는데….

하지만 이태원 주민인 내가 가장 좋아하는 시간은 따로 있다. 그것은 바로 매년 9월 말에 열리는 '이태원 지구촌 축제'이다. 이 축제가 시작되면 그 넓은 삼거리 중 한 쪽을 아예 통제하고, 길고 긴 세계 음식 푸드트럭들과 각국의 기념품들을 판매하는 프리마켓이 생긴다. 거리 곳곳 외국인 뮤지션들이 버스킹을 하고, 밤이 되면 그 거리 한복판에 미니 클럽이 열려 동네 꼬마부터 어르신들까지 춤을 추는 장관이 펼쳐진다. 정말 놀랍게도 많은 사람들이 길거리에서 춤을 춘다. BGM은 클럽 음악인데, 보이는 건 전 세계인의 막 춤이랄까. 한 손엔 어느 나라의 음식 한 접시, 나머지 손엔 또 다른 나라의 맥주 한 컵을 들고 추는 글로벌 막 춤이라. 그야말로 이태원 살이의 정점을 찍는 순간이다.

나에게 그동안 '이태원 지구촌 축제'는 길거리에서 춤을 출 수 있는 신

나는 지역 축제에 불과했다. 그러나 여행에 눈을 뜨고 나니, 좀 다르게 보이기 시작했다. 내가 아는 음식, 내가 먹어본 술, 내가 직접 손으로 만져본 물건들이 눈앞에 나타난 것이다.

그러고 보면 여기 모인 대부분의 사람들은 이 축제를 즐기러 이태원으로 여행을 오지 않았는가? 토마토를 집어 던지는 스페인의 그것, 하루 종일 맥주를 마시는 독일의 그것, 화려한 가면을 쓰고 바다 위를 누비는 이탈리아 베네치아의 그것처럼 여기, 이태원 축제를 위해 기꺼이 여행을 온 것이다.

분명 매년 비슷한 걸 본 것 같은데, 작은 여행 경험의 차이는 많은 시선을 달라지게 했다. 이곳을 애써 찾아 온 것이라 생각하고 주위를 낯설게 보자, 뻔한 것들은 하나 둘, 특별해졌다.

"여행자의 시선으로 보면 특별해지는 것들이 많구나."

방송을 만들며 아이디어 회의를 할 때, 무엇이든 '낯설게 보라'는 말을 자주 듣는다. 틀에 박히지 않은 돌 + I 같은 생각들이 대부분 좋은 아이템으로 만들어지기 때문이다. 어떻게 보면 당연한 이 말이 회의 할 때는 그렇게 어렵지만, 그래도 난 돌 + I가 되기 위해 늘 노력한다.

이제 막 여행을 시작한 나는 앞으로 여행을 떠날 때 마다 '낯설게 보는 여행자의 시선'을 가져보겠다고 생각했다. 남들보다 조금 늦게 시작했지만, 돌 + I는 짬이 많다고 그냥 되는 것이 아니지 않는가!

여행 돌 + I⋯.

나는 감히 이것을 '좋은 여행자'라고 말하고 싶다.

모든 여행에서 낯선 시선으로 특별한 철학을 하나씩 챙겨오는 것.

그렇게 '초보 여행자'인 나는

나의, 이태원에서 '좋은 여행자'를 꿈꾸게 되었다.

안동 : 좋아서 운다는 거짓말

나는 눈물과는 거리가 먼 사람이었다. 꼬맹이 땐 울기보다 빵긋 빵긋 웃으며 부모님을 덜 괴롭히던 아이였고, 철든 어린이가 되어서는 조금 무섭고 슬픈 일이 생기면 '으앙~' 하며 어른을 찾던 친구들과는 달리, 침착하게 상황을 정리하고 희망을 심어주는 쪽이었다. 심지어 엄마를 보내는 그날조차 난 심각하게 오열하지 않았다. 오히려 상복을 입고 오랜만에 만난 지인들 앞에서 드립까지 치며, 예능작가로서의 존재감을 뽐냈을 뿐이다.

그렇다면 여행을 시작한 나는?

한참 슬프고 우울할 때 시작한 여행이었지만 나는 한 번도 오열한 적이 없었다. 가끔씩 울컥, 하고 진짜 슬플 때 한 방울 뚝, 아니 여행을 떠나온 내가 기특하고, 눈앞의 풍경이 너무 좋아서 찡~ 했던 정도? 그런 나에게 감정의 소용돌이를 선물해준 곳. 바로 '안동'이다.

기차 여행에 제대로 맛이 들린 나는 틈만 나면 '기차여행 패스권'을 끊고, 아무 기차에 몸을 실었다. 이날은 부산 어딘가에서 바다를 본 뒤, 순천에 잠시 들렀다가 강원도로 향하던 길이었는데, 날씨가 유난히도 좋아서 해가 있을 때 한 곳 더 둘러보기로 했다. 휴대폰에 대한민국 지도를 띄워놓고 전라도에서 강원도까지 이어진 기차역들을 거슬러 살펴보다 선택한 곳. 내가 한 번도 가보지 않은 '경상북도 안동' 이었다.

안동역에 내리기 전, 기차 안에서 빠르고 깊은 검색을 마쳤으나 다음 기차까지 애매하게 남은 시간 덕에 나는 관광안내소를 찾았다. 작가들은 야외 프로그램을 할 때, 장소별로 '이동 동선'을 수없이 짜게 되는데 작가의 머리로 완성하고 나면 반드시 그 지역 전문가에게 '팩트 체크'를 거쳐야 한다. 실제로 촬영에 돌입하면 변수가 또 수없이 생기기 때문이다. 날씨가 좋아서 내린 안동인데, 또 다른 변수를 만들고 싶지는 않았다.

"제가 시간이 얼마 없는데, 딱 한 군데 들려야 하면 어디를 가야 하나요?"

너무도 당연한 대답이 들려왔다.

"안동에 왔는데, 하회마을은 구경하고 가셔야죠~ 이 앞에서 버스타세요!"

너무도 한국인처럼 생긴 나에게까지 확신에 차 하회마을을 권하는 직원 분을 보며, 빠르게 버스정류장으로 발걸음을 옮겼다.

안동역에서 하회마을까지 버스는 한 시간 정도를 달렸다. '하회마을'은 마을 전체가 '유네스코 세계유산'으로 지정된 대한민국을 대표하는 관광지이다. 굽이치는 낙동강을 따라 길게 난 마을에는 아주 많은 초가집, 기와집, 그리고 실제로 거주 중인 마을 주민들이 있다. 이날 날씨는 정말 역

대급으로 좋았고, 나는 온통 파란 하늘과 조용한 마을을 천천히 걸으며 오길 잘했다고 생각했다. 촬영을 하러 온다면 동적인 아이템들을 꽤 많이 준비해 와야겠지만, 출연자들도 충분히 만족할 만한 고요였다.

힐링 여행을 마치고, 다시 안동역으로 돌아가기 위해 버스를 기다리던 순간. 문제는 여기부터였다. 갑자기 아무런 예고도 없이 눈물이 터져버린 것이다. 울컥, 뚝, 훌쩍, 이 정도가 아니었다. 꺽꺽 소리가 날만큼 울음이 터졌고, 그마저 쉽게 멈추지도 않아, 그칠 때까지 정류장 주변을 한참이나 서성거렸다. 애써 마음을 달래 버스를 탔지만 눈물은 다시 계속되었고, 나는 그 버스 안에서 꽤나 사연이 많은 여자처럼 계속 울었다. 마치 하회마을에서 실연을 했는데, 못 잊고 다시 돌아왔다가 두 번 상처받고 떠나는 여자처럼 말이다.

그날 적은 일기를 보니, 눈물자국이 가득했다. 그리고 그 날을 시작으로 나는 남은 기차여행 내내 많은 눈물을 흘리게 된다. 어떤 바다 앞에서는 캔맥주를 쌓아놓고 울기도 했고, 또 어떤 모래사장 벤치에 앉아서는 두 눈이 퉁퉁 부을 만큼 밤새 울기도 했다. 드디어 내가 눈물다운 눈물을 흘리게 된 것이다.

상복을 입고 있을 때, 지인이 이런 말을 한 적이 있다.

"너는 왜 이렇게 씩씩해?"

순간 잠시 멈칫했으나, 나는 곧바로 대답했다.

"안 씩씩하면 어쩌겠어요~!"

그 말을 할 때도 나는 눈에 눈물이 맺힌 채로 씩 미소를 지었다. 당연히 슬프고, 당연히 우울한 일인데 나는 그동안 애써 눈물을 삼키고 살아왔다. 아마도 'K-장녀'다운 엄청난 책임감과 끝까지 놓기 싫었던 희망 때문이었을 거다. 그동안 눈물에 대해서 생각조차 하지 않았는데, 여행자의 시선으로 본 나는 참으로 안쓰러운 사람이었다.

왜 하필 하회마을 이었을까?

하늘이 유난히 쨍하고, 파랗고, 예뻤을 뿐인데. 그냥 평범한 사람 사는 곳이었을 뿐인데.

그곳에서 난, 대체 무엇을 느낀 걸까? 아마도 '죽음' 이었을 거다.

'누군가에게 길들여진다는 건 눈물을 흘릴 일이 생길 수도 있다는 것이다.' 동화 어린왕자에 나오는 말이다.

죽음 때문에 시작된 나의 여행들에서 드디어 죽음에 길들여진 나를 만났다. 안동에 왔으면 꼭 가봐야 한다는 '안동 하회마을'에서 말이다.

묵호 : 행복 위에 던져진 나

지방에서 촬영을 하는 프로그램을 만나면 내가 꼭 추천하는 최애 스팟이 있다. 촬영을 하기에 적당히 조용하고, 예쁘고 멋진 뷰를 가지고 있으며, 꽤 유명한 관광지와 끝내주는 맛집들까지 있는 곳. 바로 동해바다 '묵호'다. 날씨 좋은 날 이곳에서 촬영을 하면 출연자들은 물론이고, 시청자들에게 반드시 힐링을 전달 할 수 있을 것이라고 자신한다. 물론, 이 책의 독자님들에게도 마찬가지다.

나의 묵호 답사는 굉장한 우연으로 시작되었다. 기차 여행을 하던 어느 계절, 나는 밤기차를 타고 그 유명하다는 일출을 보기 위해 '정동진역'으로 향하고 있었다. 밤기차는 또 처음이라, 잔뜩 설레며 글을 좀 쓰다 잠이 들었고, 내 방처럼 한참 잠을 자다 일어났는데 안내 방송이 들려왔다.

"다음 역은 묵호입니다. 내리실 분은…."
"묵호?? 오~ 느낌 있는데?"

정동진역에 가려면 조금 더 기다려야 하는데, 대체 무슨 용기였는지 나는 어딘가에 홀리듯 짐을 챙겨 묵호역에 하차했다. 그 기차는 오늘의 마지막 열차였고 이제 돌아갈 수도, 다시 정동진으로 향할 수도 없었다. 묵호라… 처음 들어본 곳인데… 완전, 계획에 없던 생방송이었다.

묵호역은 생각보다 아주 작았다. 밖으로 나오니 불빛이 거의 보이지 않을 만큼 깜깜했으나, 나는 밤기차를 타고 내렸으니 밤바다라도 한 번 보겠다며 무작정 바다가 있는 쪽으로 걷기 시작했다. 가로등 몇 개에 의지해 항구 쪽으로 걸어 내려왔지만, 너무 깜깜해서 바다는커녕 사람조차 보이지 않았다. '묵호'라는 느낌 좋은 단어를 듣고 용기를 냈으나, 그날 밤 정작 깜깜한 어둠 밖에 보지 못한 것이다.

다음 날, 나는 낯선 동네 찜질방에서 눈을 떴다. 묵호 생방송 두 번째 날이었다.

"여기서 제일 가까운 관광지가 어디에요?"
"묵호 등대~! 버스타면 금방 가~ 가까워!"

찜질방 사장님의 추천을 받아 '묵호 등대'로 향하는 길. 힘겹게 찾은 버스 정류장에서 등대로 향하는 버스를 타니, 마음은 다시 설레기 시작했다. 가장 높은 곳에서 묵호를 한 번 내려다보면 내가 즉흥적으로 이곳에 내린 '그 느낌'의 이유가 무엇인지 알게 되겠지.

그러나 나는 버스 안에서 곧 초조함에 빠지고 만다. 안내 방송으로 '묵호 등대' 네 글자만 기다리고 있는데, 버스에서 안내 방송이 나오지 않았던 것이다. 간혹 시골 버스를 타면 매 정류장마다 안내 방송을 하지 않는 버스들이 있는데, 하필 그것이었다. 지도 어플을 보면 등대로 향하고 있긴 한데, 기사님한테 언제 물어보지? 좀 더 등대 가까이 가면 방송이 나오나?

큰 용기를 내어 기사님께 물으니, 또 깜깜한 대답이 들려왔다.

"등대? 지나도 한 참 지났는데….
여기 내려서 이 언덕을 쭉 올라가면 나와요. 그런데 좀 많이…?"

방법이 없었다. 그저 걷는 수밖에.
언덕을 오르고 오르는데, 하도 끝이 없어서 내가 동해에 왔다는 사실
조차 잊었다. 바다는커녕 눈앞에는 끝나지 않는 오르막길 도로뿐이었다.

"이건 복불복 벌칙이야. 내가 선택을 잘못해서 만난 벌칙인게야!!! 생
방송이 뭐 이래?!!"

그렇게 한참을 중얼거리며 걷다보니, 드디어 주민들이 살고 있는 작
은 마을이 나타났다. 집집마다 오징어가 널려 있는 걸 보니, 어촌 마을
이긴 한 것 같았다. 나는 지나가는 아주머니 한 분께 아주 이상한 질문
을 던졌다.

"어머니? 바다는 어느 쪽에 있나요?"
"??? 여기, 다 바다인데?"

아주 살짝~ 2분 정도 언덕을 더 오르니, 드디어 눈앞에 바다가 보이기 시작했다. 저 멀리, 그렇게 찾았던 '묵호 등대'도 보였다. 반가운 마음에 달려가 아래를 내려다보는데,

"대… 박…"

내 생에 최고의 오션뷰가 발아래 펼쳐져 있었다.

어젯밤, 깜깜해서 보지 못했던 묵호항부터 아기자기한 어촌 마을, 그리고 푸른 동해바다까지. 내가 즉흥적으로 내리지 않았다면 결코 보지 못했을 이 곳. 오르막길을 오르지 않았으면 만나지 못했을 풍경이었다. 대체 나는 어쩌다 내렸을까? 정말 묵호와 나는, 운명이었던 걸까?

존재의 철학자 하이데거 아저씨는 인간이란, '피투와 기투의 총합'이

라고 표현했다. 피투, 란 우리가 세상에 내던져진 어쩔 수 없는 존재라는 뜻이고, 기투, 는 정해진 피투 속에서 매일 의지로 선택하며 살아가는 존재를 뜻한다. 쉬운 말로 우리 인간은 운명과 의지를 동시에 가진 존재라는 것이다.

기차를 타고 여행을 떠난 내가 '피투'라면, 즉흥적으로 묵호라는 말만 듣고 내려 생고생을 자처한 나는 '기투'였다. 계획에 전혀 없던 이 여행에서 모든 선택은 나의 의지였으니, '기투'가 더욱 빛난 나의 묵호였을 것이다. 그리고 이 용기들은 나에게 무엇보다 값진 행복을 주었다.

등대를 내려와 걷는데, 묵호의 또 다른 명소 '논골담길'이 나타났다. 색색의 예쁜 벽화길을 오르고 내리는데 저 아래에서 초등학생 어린이 한 무리가 걸어오고 있었다. 그냥 지나가려는데 제일 앞서던 아이 하나가 내게 인사를 했다. 그러자 뒤 따르던 모든 아이들이 인사를 하고 지나갔다.

"안녕하세요!!! X 20."
"그래~ 선생님은 바다를 보러 여기 왔단다. 묵호라는 이름이 참 예뻤단다. 너희들도 나중에 꼭 이 기분을 느껴보렴~ 그게 이태원이라도 상관없단다.(혼잣말이란다.)"

나의 묵호는 갑자기 나이 든 선생님이 되어도 행복해지는 그런 곳이었다.

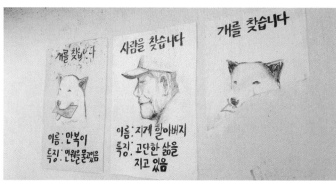

안내방송   이번 역은 '나도 몰라', '나도 몰라' 역입니다.

내리실 문은 오른쪽입니다.

여행자   나도 몰라?!! 내리자!!!

기타큐슈 : 여행자의 적당한 거리

　나는 '외로움'을 잘 타지 않는 사람이었다. 워낙 성격이 내향적이고 소심하기도 하지만 홀로 생각하고, 글 쓰고, 혼잣말하는 걸 좋아하기 때문에 '혼자라서 외롭다'는 감정을 잘 이해하지 못하고 살았다. 덕분에 나에게 '홀로 여행자'란 그리 어려운 것이 아니었다.

　후쿠오카를 나 홀로 실컷 즐기며 여행에 자신감이 붙은 나는 더 욕심을 부려 꽤 거리가 있는 근교 도시, '기타큐슈'까지 가보기로 했다. 기타큐슈 끄트머리에 있는 '모지코'에 가기 위해 내가 선택한 이동수단은 역시 기차. 빠르게 도착하려면 하카타 역에서 '소닉'이라는 특급 열차를 타야 한다. 편의점에서 커피 우유를 하나 사들고 용감하게 기차를 타긴 했는데, 문제는 어김없이 발생하고 말았다. 기차가 출발한 지 얼마 되지 않아 속이 울렁거리더니 머리가 빙글빙글 돌기 시작한 것이다.

"아니, 무슨 기차를 타고 멀미를 하냐…. 안 하던 짓을 해서 놀랐나? 한 숨자면 낫겠지…."

그러나 잠시 후, 머리에서 열까지 나기 시작했고 급기야 식은땀까지 흘리며 시름시름 앓기 시작했다. 큰일이다. 타국에서 병이 난 것이다. 그것도 나 홀로.

짧지만 강렬했던 시간이 지나고, 기차는 금세 모지코역에 도착했다. 아프긴 한데, 또 짜온 큐시트의 반이라도 지켜보겠다고 역 밖으로 나서자 마침 또 비가 내리고 있었다. 나는 결국 모든 일정을 취소한 채 슬슬 산책이나 하며 몸을 달래기로 했다.

모지코는 큐슈 북동쪽 끝에 위치한 항구도시로 1세기 전 일본의 분위기를 그대로 옮겨놓은 '모지코 레트로'가 유명한 후쿠오카의 소도시이다. 카레와 허니 아이스크림이 유명하다고 이렇게나 자료조사를 꼼꼼히 해왔는데…. 이건 나중에 촬영하러 오면 먹어야겠다.

나는 적당히 바다가 보이는 벤치에 앉아 가만히 눈을 감았다. 비가 와서 그런지 유난히도 고요했던 바다. 그러고 보니 일본 여행에서 처음 만난 바다였다.

"바다야 안녕. 내가 이러려던 건 아니었는데, 음…… 나…… 좀 외롭네?"

다시 눈을 뜨니 속은 가라앉았지만, 익숙하지 않은 외로움이 훅, 밀려왔다.

짧은 모지코 여행을 뒤로 하고, 숙소를 잡아놓은 기타큐슈 고쿠라로 이동했다. 모지코에서는 기차로 13분. 고쿠라역에 도착하니 비가 그쳤고, 컨디션이 조금 나아진 나는 다시 고쿠라 시내를 걷기 시작했다. 고쿠라 중심지에는 우리나라의 경복궁과 같은 '고쿠라 성'이 있는데 이곳 주변의 벚꽃길이 아주 유명하다. 마음이 괜히 허전해 그랬는지, 화사한 꽃이나 보자고 그곳으로 향했다.

성을 가운데 두고, 벚꽃이 빙 둘러 따뜻하게도 피어있었다. 오길 잘했다고 생각한 순간, 한 커플이 눈앞에 나타났다. 서로 사진을 찍어주며 웃음소리가 끊이질 않던 예쁜 모녀. 내 나이 또래의 딸은 엄마와 함께 사진을 찍기 위해 삼각대를 힘겹게 설치하고 있었고, 그 어머니의 입에선 반가운 대사가 들렸다.

"안 되면 그냥 손으로 셀카찍자~ 이리 와~"

우리 말 이었다. 나는 뭔가에 이끌리듯 모녀에게 다가가 반가운 모국어로 물었다.

"제가 찍어드릴까요?"

엄마와 딸은 내 앞에서 환히 웃었고, 난 갑자기 울컥. 급하게 촬영을 마무리하고 도망치듯 그곳을 빠져나왔다. 모지코에서 갑자기 찾아온 외로움은 나를 저절로 슬픔으로 이끌었고, 예쁘게 미소 짓는 모녀 앞에서 예상치 못한 슬픔과 마주하게 했다. 그렇게 기타큐슈에서의 나는, 많이도 외로웠다.

내가 좋아하는 고슴도치의 이야기가 있다. 춥고 외로워서 서로 껴안기 위해 다가간 고슴도치들이 결국 서로의 가시에 찔려 상처를 입고 다시 멀어지게 된다는 이야기다. 이 고슴도치들은 시간이 지나면 다시 추위를 달래기 위해 서로를 찾았다가 상처입기를 반복하는 딜레마를 갖는다.

이 '고슴도치 딜레마'를 얘기해 준 독일의 생철학자 쇼펜하우어 아저씨는 '모든 젊은이들은 외로움을 견디는 법을 배워야 한다.'고 했다. 상처받게 되리라는 걸 알지만, 외로움과 슬픔에 다가가고 또 너무 슬프지 않게 어느 정도 되돌아 갈 수 있는 '적당한 거리'가 필요하다고 말이다.

'초보 여행자'로 떠나온 해외여행에서 외로움을 느끼고, 슬픔을 마주하게 된 나.

앞으로의 여행들에서 '적당한 거리'로 외로움을 견디라는 말이었나 보다.

포르토피노 : 찰나의 천국

"당신이 꿈꾸던 천국의 도시! 낭만이 가득한 파라다이스! @@으로 오세요!!"

여행지를 소개하는 상품이나 글 앞에 많이 붙는 수식어들이다. 어떠한 말에 '있어 보이게끔' 수식어를 더하는 것은 작가들의 전문 분야이기 때문에 나는 이 문장에 과장이 많다는 것을 당연히 알고 있었다. 하지만 '여행자'가 되고나서 부터는 괜히 이 과장의 반만큼이라도 진실이길 바라게 되었다.

"설마 여행하는 동안 한 번쯤은 천국을 만날 수 있겠지…!"

아마, 모든 여행자들이 이러할 것이다. 그러나 천국은 쉽게 볼 수 있는 것이 아니었다. 게다가 일로 간 여행에선 천국대신 지옥을 만날 가능성이 훨씬 높다.

첫 해외 촬영 중, 이탈리아 '제노아'라는 도시에 머물 일정이 있었다. 이 촬영을 앞두고 제노아에 대해 열심히 자료 조사를 했지만, 잘 알려지지 않은 소도시인 탓에 할 만한 아이템을 찾아내는 게 유난히 힘들었다. 나는 촬영을 도와주시는 이탈리아 현지 코디님을 매일 괴롭히기 시작했고, 코디님은 한참을 생각하시더니 아끼던 대사 한 마디를 건네셨다.

"윤작가님, 혹시 포르토피노라고 들어 보셨어요?"

포르토피노라⋯. 제노아도 처음 들어본 나에게는 전혀 익숙하지 않은 곳이었다. 그러나 코디님의 다음 대사가 내 마음에 쏙 들었다.

"잘 알려지지 않은 곳인데, 럭셔리하고 프라이빗한 해변이 있어요. 낭만이 가득한 파라다이스 같은 곳이요~!"

럭셔리하다면 화려한 비주얼은 기본일 것이고, 프라이빗하다면 화제도 될 것 같고, 게다가 파라다이스까지⋯ OK! 가봅시다!

포르토피노에서의 촬영 일정은 이러했다. 이곳에 도착한 출연자들은 럭셔리한 레스토랑에서 스페셜 메뉴를 먹고, 예쁜 골목을 돌며 쇼핑을 한 뒤, 마지막으로 프라이빗한 지중해 해변에서 자유롭게 수영을 즐긴다. 한 마디로 '이탈리아 파라다이스 체험' 이었다.

크루즈를 타고 며칠 간 지중해를 돌긴 했으나, 제대로 해변 한 번 보지 못했던 나는 빨리 그곳에 가고 싶었다. 나도 드디어 촬영을 하면서 이탈리아의 파라다이스, 유럽의 천국을 맛보게 되는가!

우리는 제노아 항구에서 버스를 타고 파라다이스로 향했다. 눈앞에 보인 포르토피노는 도저히 말로 표현하지 못할 만큼 아름다웠다. 반짝이는 지중해 해변 앞, 색색의 건물들과 이탈리아를 상징하는 각종 음식, 디저트 상점들이 예쁘게도 자리하고 있었고, 무엇보다 그날의 그림 같던 하늘과 투명한 바다색은 정말 예술이었다. 그러나 일로 도착한 나에겐? 조금 지나치게 예쁜 촬영장일 뿐….

우리는 해변으로 가기 위해 포르토피노 언덕을 올랐다. 꼭대기에 있는 전망대에서 내려다본 풍경은 이탈리아 여행 가이드북 표지로 써도 될 만큼 어마어마한 장관이었다. 이 장소를 알려준 코디님과 이곳을 촬영지로 선택한 스스로를 칭찬하며 다음 장소로 이동하는데, 출연자들이 갑자기 소리를 질렀다.

"와우~ 호우~!!! 여기 미쳤다…. 작가님, 언제 수영해요?"

내 대답이 들리자마자 출연자들은 옷을 훌훌 벗고 '풍덩', 지중해로 다이빙을 했다. 지중해 위에서 자유롭게 수영을 즐기는 그들은 정말 완벽히 행복해 보였다. 정확히 기억나지는 않지만 이날 에피소드가 방송될 때, 자막으로 '천국'이라는 단어를 썼던 것 같다. 그것도 아주 많이.

촬영을 마치고 출연자들이 재정비를 할 동안, 우리들에게도 아주 잠시 자유시간이 생겼다. 그 동안 예쁜 건물들 앞에서 사진을 찍거나, 못 먹었던 젤라또 하나를 먹을 수도 있었으나 나는 그냥 해변 한 가운데에 서서 멍~ 때리기 시작했다. 이런 게 천국인가~ 하고 생각할 때쯤 바다 위에 떠 있는 서핑보드 위에 미확인 물체 하나가 보였다. 사람은 아닌데, 움직이는데? 가만히 보니 '개 한 마리'가 그 위에 서 있었다. 카메라를 당겨 그 친구의 표정을 보니 '스마일', 심지어 서핑을 즐기고 있었다.

"아, 개가 되고 싶다…."

이 순간 시간이 멈춘다면 그게 바로, 천국일 것 같았다.

불교의 시간 개념에 '찰나'라는 것이 있다. '찰나'는 고대 인도에서 쓰던 가장 작은 시간 단위를 뜻하는 말로 눈 한 번 깜빡할 새보다 훨씬 짧은 0.013초 정도의 극히 짧은 순간을 뜻한다. 하지만 불교에서는 이 찰나를 순간으로만 보지 않는다. 세상에 존재하는 모든 것들은 하나의 찰나들로 이루어진 것이기 때문에 우리의 시간은 '무한한 찰나' 라고 말한다. 다시 말해, 영원한 것들 속에 찰나가 있다는 것이다.

찰나의 기억으로 영원을 살 수 있다는 것. 여행을 하며 모든 순간이 특별해 진다는 것이 이것과 비슷한 말이려나?

그날 포르토피노 해변에서 나는 찰나에 영원한 천국을 맛보았다.

미라노 : Feel Special

아무렇지 않게. 자연스럽게. 그곳에 사는 사람처럼.

'초보 여행자'가 되고, 가장 이해하기 어려운 여행자의 마음이었다. 어떻게 떠나온 여행인데 아무렇지 않게 다니라니. 나에게 여행은 크게 마음먹은 일, 생에서 손에 꼽을 용기, 그리고 아주 기특한 것. 한 마디로 '특별함' 그 자체였다. 여행은 마음먹은 대로 이뤄지는 것이 아님을 배웠음에도 난 언제나 다음 여행에서의 특별함을 꿈꾸고 이루려 노력했다.

그러던 어느 날, 다음 해외 촬영이 잡혔다. 떠날 곳은 내 첫 해외 촬영에서 아쉬움과 깨달음을 잔뜩 남겼던 애증의 그곳 '이탈리아'.

프로그램의 내용은 이렇다. 한국에 사는 외국인 연예인들이 자신의 고향에서 현지 가족&친구들과 함께 '한식당'을 차리는 리얼리티. 각종 식재료와 조리도구, 식당을 운영하기 위한 식기구 등 소품이 많기로 소문난 요리 프로를 그것도 타국에서 하게 되다니…. 나의 일복이 또 하나 해낸 것이다.

본 촬영에 앞서 답사를 떠나는 길. 기특하게도 국제선과 경유 포함 약 스무 시간의 비행시간은 더 이상 무섭지 않았다. 비행기 안에서 '본조르노'(아침에 하는 안녕하세요.)와 '보나세라'(저녁에 하는 안녕하세요.)를 연습하며, 어느 하늘이었는지는 모르지만 유난히 빛나던 밤하늘을 바라보며 생각했다.

"이번 이탈리아는 좀 다르겠지~! 처음도 아니잖아?!"

1년 만에 다시 이탈리아로 향하며, 난 누구보다 특별함을 꿈꿨다. 많이 컸다. 참.

목적지 베니스 공항에 도착하니, 반가운 현지 코디님들이 마중을 나와 있었다. 1년 전 나와 함께 크루즈 밖에서 生고생을 함께 해주신 분들…. 감사하게도 진상이었던 작가를 피하지 않고, 이번 프로그램에도 도움을 주시기로 했다.

우리가 촬영할 출연자의 고향은 베네치아에서 차로 30분 정도 떨어져 있는 '미라노'라는 곳이다. 인구도 많지 않고, 유명한 관광 도시도 아니기 때문에 아주 고요한 작은 마을. 그러나 고요함 속에 보이는 '유럽유럽'한 골목과 소박한 주민들의 친절함이 참 매력적인 곳이다.

직접 만난 미라노는 생각보다 훨씬 작았지만, 참으로 정겨웠다. 마을 가운데 작은 광장이 하나 있고, 그걸 중심으로 서 너 개의 갈림길이 있다. 광장 중심에는 마을 사람들이 자주 찾는 젤라또 가게, 빵집, 커피숍들이 보이고, 자그마한 시청 건물 근처로 채소 가게, 수산물 가게, 정육점들이 소소하게 늘어서있다. 거리 중간 중간 가끔 편의점이나 펍들이 보이고, 그 중심부에서 살짝 걸어 내려오면 보이는 강변 옆에 위치한 식당 '오카 비안카'가 바로 우리 촬영 장소였다. 길눈이 어두운 나조차 순식간에 구조를 싹 외울 만큼 작은 마을. 촬영하기에 딱 좋은 곳이었다.

답사 일정은 약 일주일 정도였는데, 현지 장소 섭외와 소품 마련, 동선 체크 등 일들이 수월하게 풀리며 생각보다 많은 자유시간을 갖게 되었다. 감사하게도 나 홀로 이탈리아 거리를 거닐 시간까지 주어진 것이다.

동선도 다시 외울 겸, 나는 시간이 날 때마다 마을 여기저기를 자주 걸었다. 길은 곧 익숙해졌고 간판에 적힌 이태리어도, 골목마다 들리는 이태리 인사말도 편해지기 시작했다. 미라노 주민들도 처음에는 '한국에서 TV 프로그램을 촬영하러 온 여자'를 낯설게 보다가 '저 코리아 여자 또 왔군~' 하며, 눈인사를 건네기 시작했다.

나는 작가의 탈을 쓴 여행자답게 누구보다 빠르게 미라노를 접수했지만, 왠지 마음 한 구석에 부족함을 느꼈다.

"아니! 그렇게 다시 오고 싶던 이탈리아까지 왔는데, 특별은커녕 너무 평범하잖아?!"

심지어 그들의 낮잠시간인 '시에스타'가 되면 그나마 열려있는 상점들도 모두 문을 닫고, 거리를 나 홀로 걸을 때도 많았다. 아무도 없는 유럽의 거리라…. 미라노에서 특별한 무언가를 바라기에, 난 이미 더 이상 관광객이 아니었다.

길을 걸으며 괴테님의 말을 생각했다.

"자기 자신을 믿어라. 그러면 어떻게 살아야 하는지를 자연스럽게 알게 될 것이다."

여행만큼 나에 대한 믿음이 중요한 것이 또 있을까? 매 걸음마다 선택이고, 매 시간마다 고민이 따르는 그 여정 속에서 나를 믿는다는 것은 가장 정확한 이정표가 되어 줄 것이다.

나는 그 누구보다 최대한 이곳을 많이 걸었던 사람처럼. 그리고 많이 떠났던 사람처럼. 나의 일상처럼 이곳을 대하기 시작했다. 유럽의 일상을 걷는 나를 받아들이자, 그 걸음에도 슬슬 믿음이 실렸다. 작가의 탈을 쓰고 이곳에 적응을 했다면, 이제 여행자의 탈을 쓰고 촬영 현장에서 미라노의 다정함을 보여줄 때이다.

여행의 완성은 특별한 장소와 에피소드에만 있는 것이 아니다.

먼 여행지에서 일상의 매력을 발견하는 순간,

내가 품을 수 있는 여행의 크기는 더욱 깊어질지도 모른다.

우리 일상도 여행임을 깨닫기는 너무도 어려운 일이니까.

미라노 : 여행자들의 언어

큰일이다. 촬영 중에 아주 중요한 식재료가 똑 떨어졌다.

여기는 이태리고, 현지 코디님들은 촬영 내용을 실시간으로 통역하느라 바쁘고, 후배들은 소품 챙기느라 바쁘고…. 그렇다면? 답사까지 다녀왔던 내가 뛰어야 한다. 나는 미라노 광장에 있는 수산물 가게에 뛰어 들어가 당당하게 외쳤다.

"안녕하세요! 문어 있나요?" "무운…어?"

"아!! 뽈뽀! 뽈뽀!" "Si!" (응~ 있어!)

"어…. 더 큰 거 없나요?" "크은…거?"

"오! 빅!! 빅!!" "Si! Si!" (어~ 그래! 있어!)

가게 아주머니는 심하게 당황하셨지만, 답사 때 나타났던 얼굴을 기억하는지 더 실한 문어를 금세 꺼내주셨다. 다행이다. 늦지 않게 사서.

해외 촬영을 할 때, 제작진들에게 가장 큰 장벽은 바로 언어다. 물론 각 촬영지마다 현지 코디님들이 통역을 해 주시지만, 그들과 늘 함께할 수 없는 게 현실이기 때문에 우리 작가들은 간단한 인사말부터 꼭 필요한 단어나 문장을 미리 준비해 가야 한다. 이태리 말로 '문어'를 뜻하는 '뽈

뽀'도 마찬가지였다.

언어의 장벽이 꽤 높다지만 촬영장만 가면 심하게 용감해지는 나는 아주 당당하게 현지에서 주로 한국어를 사용했다. 이상하게도 별로 불편함을 느끼지 못했다.

본 촬영에서 나의 주 업무는 한식당 영업을 도와줄 출연자의 고향 친구들과 가족들을 케어하는 것이었는데, 매일 오늘의 촬영 내용을 설명해주고, 다음날 스케줄을 체크해야 했다. 한 마디로, 그들과 대화할 일이 아주 많은 최고 난이도의 일이다. 현지 코디님이 내 곁에 안 계실 때면 나홀로 대본 리딩을 해야 했다. 이태리어도, 영어도 아닌. 코리안 리딩으로.

"오! 굿모닝! 아침은 먹고 왔어요?"   "아…췸?"

"아! 브렉퍼스트! 브렉퍼스트!!"   "Sì!" (먹고 왔어~)

"오늘 뉴 메뉴는 소갈비찜이에요."   "소. 갈… 뷔…?"

"네! 따라해 보세요. 소.갈.비.찜!"   "소.갈.비.쥠!!"

"굿! 베리굿!!!"   "땡큐"

대략 이런 식이었다.

　감사하게도 매너 좋고, 센스 넘치는 그분들은 나의 말을 찰떡같이 알아들었고, 심지어 매일 계속되는 나의 한국어 리딩에 적응해 '감사합니다. 내일 만나~'를 역으로 건네기도 했다.

　그렇게 며칠이 지나고, 코디님이 '윤작가님은 리딩을 한국어로 하시네요?', 후배들이 '언니는 미라노에서 계속 한국어를 쓰시네요?' 라고 했을 때, 그제야 내가 좀 다르구나~ 하는 걸 깨달았다.

　나는 왜 이태리에서 한국말을 당당하게 했는가? 전혀 어색하지 않고, 편한 이 기분은 뭐지?

　그리고 생각났다. 내가 이태원에 사는 여자라는 걸.

　이태원에는 실제로 거주하는 외국인 이웃들이 참 많다. 동네 놀이터마다 외국인 꼬마들이 인사를 하고, 슈퍼나 세탁소만 가도 외국인 이웃을 금방 만날 수 있다. 당장 우리 아랫집만 해도 외국인 가족들이 살고 있다. 그리고 그들 중 다수는, 한국말을 아주 잘한다. 때문에 이태원에서는 외국인들과 한국어로 대화를 나눌 일이 아주 많다. 당장 이태원 삼거리에만 가도 여러 맛 집의 외국인 사장님들이 코리안으로 홍보를 하며, 인사를 건네지 않는가!

언어 철학자 비트겐슈타인 아저씨는 '나의 언어의 한계는 나의 세계의 한계를 의미한다.' 고 하셨다. 유창한 그 나랏말이 아니라, 당당한 우리말로 아주 아이러니하게 한계를 뛰어넘은 것 같지만 나는 이것이 '여행자들의 언어'라는 것을 알고 있다. 굳이 말하지 않아도, 굳이 알아듣지 않아도 서로 끄덕이며 대화를 할 수 있다는 것. 그렇게 '통'하는 것만으로

도 뿌듯함을 느끼는 것. 그래서 조금 무서워도 용기 내어 말을 건네게 되는 그런 것, 말이다.

나의 세계, 참 많이도 넓어졌다.

호치민 : 여행자는 처음이라

어느 이른 새벽, 용산 구청 앞 정류장에서 공항버스를 기다리고 있었다. 버스 출발 시간이 가까워 질 때쯤, 캐리어를 끈 한 외국인이 등장했다. 그런데 함께 버스를 기다리던 외국인 친구의 얼굴이 왜인지 낯설었다.

"어디서 본 것 같은데? 이태원에서 마주쳤나?? 아님, 여기 살았던 분인가??"

길고 짧은 여행들과 해외 촬영에 제대로 스며든 나는 꽤 긴 시간을 들여 아주 대단한 여행 계획을 세우기 시작했다. 우리나라에서 비행기로 5시간쯤 떨어진 베트남에서의 '7박 8일 나 홀로 여행'! 베트남은 많은 여행자들이 사랑하는 곳이기 때문에 비교적 난이도가 쉽다고들 하지만, '초보 여행자'인 나에겐 정말 큰 결심이었다. 오사카로 첫 여행을 다녀온 지 겨우 3년 만이었고, 해외 촬영의 경험을 빼면 일본 다음으로 찾는 두 번째 나라였다.

나는 베트남 여행을 위해 굉장히 많은 가이드북을 정독했고, 몇 번의 큐시트를 갈아엎었다. 계획을 짜다보니 가고 싶은 장소는 늘어만 갔고, 여행 실력이 얼마나 늘었는지 확인하고 싶은 실험정신까지 발동해 무려 베트남 남부 호치민에서부터 하나씩 훑고 올라가 북부 하노이까지 가는 동선을 확정했다. 말 한마디 안 통하는 곳에서 한 지역도 아닌 여러 도시로 이동하는 여행이라니. 심지어 이동을 위해 현지 버스는 물론이고, 베트남에서 베트남으로 이동하는 국내선 비행기까지 타야 한다.

하나의 프로그램을 만들 때, 전체적인 기획의도, 구성의 컨셉과 출연자의 캐릭터는 시청률의 성패를 크게 좌우한다. 그리고 의도와 컨셉이 분명할수록 성공의 확률은 비교적 높은 편이다. 비슷한 이유로 여행 계획을 세우던 노트 첫 페이지에 이번 여행의 제목과 컨셉을 적어보았다.

[베트남 여행]
제목 : 나의, 업그레이드 베트남
컨셉 : 야, 나도 처음이라~ 첫 경험 최대한 많이 해보기
목적 : 윤작가의 글을 위한 영감 채우기

출연자의 캐릭터는 아주 확실했다. '이제 막 여행의 맛을 본 초보 여행자'(특징 : 작가의 탈을 써서 무섭게 용감함. 이태원에 살아서 소통에 무섭게 자신이 있음.)

첫 번째 일본 여행의 목적이 '여행의 두려움'을 털기 위함이었다면 두 번째 베트남 여행에서는 '여행의 첫 경험'을 최대한 많이 해보겠다는 컨셉을 잡았다. 살짝 맛 본 '처음'의 맛이 너무도 치명적이라, 더 늦기 전에 여행자가 해볼 수 있는 모든 아이템들을 겪어보고 싶었다. 이 확고한 컨셉 덕분에 나의 베트남 여행 큐시트는 매일 두꺼워져 갔다.

여행을 떠나는 순간부터 내게 '처음'인 것은 아주 많았다. 한국인 승무원이 한 명도 없는 외국 국적기도 '처음', 홀로 5시간의 비행을 하고 홀로 기내식을 먹어본 것도 '처음', 베트남에서 환전 할 달러라는 것을 챙겨 본 것도, 방 한구석에 모셔져 있던 제일 큰 사이즈의 캐리어를 끌고 공항버스를 탄 것도 '처음' 이었다. 목적지에 도착도 안 했는데, 벌써 노트 한 쪽에 빼곡히 '처음'이 쌓인 것이다.

이렇게 조금만 쌓여도 행복한데, 그동안 대체 여행을 어떻게 참고 살았을까?

베트남으로 향하는 공항버스는 곧 한강 다리 위를 달렸다. 바로 앞자리에 앉은 외국인 친구는 해가 떠오르는 한강을 보며, 쉼 없이 카메라 셔터를 눌렀다. 그리고 한 풍경이라도 더 담으려는 듯. 마치 한강을 처음 만난 듯, 처음 방문한 서울을 떠나는 게 아쉬운 듯, 공항에 도착 할 때까

지 계속 창밖을 바라봤다. 아마도 여행을 마치고 돌아가는 길인가보다.

나도 몇 시간 뒤면 같은 표정으로 베트남 호치민 거리에 서 있을 것이다.

그 친구를 보며 다시금 깨닫는다.
'나도 베트남은 처음이라~~' 이 컨셉을 절대 잊지 않겠노라고.

호치민 : 도착 후 스콜

우리 집에서 5분 정도 걸어가면 외국 대사관 거리가 나온다. 건물 하나 하나 다른 국가의 이름과 국기들이 걸린 그 길을 걸으면 이곳이 이태원 임이 더 실감난다.

누군가에게 이태원은 화려한 클럽 조명과 간판들이 걸린 뒷골목일 수 도 있고, 또 다른 이에게는 파스텔톤 감성의 루프탑과 편집숍이 가득할 수도. 또 빛나는 네온 빛의 세계 음식 맛 집 거리일 수도 있다. 각자가 그 여행지를 생각하는 이미지에 따라 '거리를 만드는 기준'은 모두 다른 것 이다.

여행을 떠나오기 전, 내가 생각하는 베트남의 거리는 이러했다.

거리 가득 진한 커피향이 나고, 회색빛 건물들 사이로 적당히 맑은 강 이 흐르고, 꽤 많은 오토바이들이 지나가지만 길을 메우는 사람들의 정 겨운 미소가 끊이지 않는 곳. 그리고 난, 호치민 공항에서 밖으로 나서자 마자 제대로 베트남 거리를 만나게 되었다.

"쏴 아아아아아아아…."

한국에선 한 번도 만나보지 못한 비. 장마처럼 빗줄기는 센데, 갑작스

럽게 소나기처럼 쏟아지는 비. 말로만 듣던 '스콜'이었다. 나는 공항 바닥에 캐리어를 눕히고 부랴부랴 우산부터 꺼냈고, 앞에 보이는 버스로 뛰어 들어갔다. 스콜을 대수롭지 않게 바라보고 있던 버스 안내원에게 표를 사고 자리에 앉자마자, 휴대폰 메시지가 도착했다.

"미안하지만 이번에는 같이 못 할 것 같아…. 다음에 다시…."

이곳으로 떠나오기 전, 면접을 봤던 프로그램에서 온 연락이었다.

서울이었다면 꽤 속상했을 소식이었지만 할 수 없었다. 지금 나에게는 스콜 속에서 호치민의 숙소를 찾아가는 일이 더 급했다.

우상가상(?) 버스에서 잘못 내리기까지 했다. 스콜 소리가 꽤 시끄러워서 그랬는지, 안내원이 내 질문을 잘 못 알아들었던 것 같다. 그렇게 버스에서 내리자마자 뚝, 스콜은 멈췄다.

캐리어를 끌고 구글 지도에 의존해 숙소를 찾아 나서는데, 이번에는 뚝뚝, 땀이 흐르기 시작한다. 이 역시 한 번도 만나보지 못했던 더위였다. 아, 여기 베트남이었지??

나는 힘들게 도착한 숙소에 짐을 풀고 거리로 나서자마자, 언어의 장벽에 다시 부딪히고 말았다. 몇 걸음 걸을 때마다 나타나는 택시 기사님들의 '영업용 대사' 덕분에 잊었던 여행의 두려움까지 스물 스물 올라오는 듯 했다. 그래서 나는 최대한 두 발에 의지해가며 베트남 거리를 걸어 다녔다.

지극히 개인적인 의견이지만 '초보 여행자'에게 택시는 생각보다 어려운 이동수단이다. 일단 기사님과 제대로 소통을 해야 하고, 정해진 정류장이 없기 때문에 어디로 가는지? 제대로 가는지? 확인할 방법이 없어서 나처럼 소심한 사람에겐 조금 무서운 존재이기도 하다. 현지 시장을 거닐 때도 비슷하다. 호치민의 명소 '벤탄시장'을 걸을 때면 '언니~~ 오네짱~~ 저기요~~' 다양한 호칭으로 나를 부르는 상인들이 부담스러워 경보 수준의 빠른 걸음으로 걸었던 나다.

"이렇게 더위 속에서 요리조리 피해가며 걸으면 대체 베트남의 거리는 언제 만나니??"

엄청난 계획을 세우고 이곳에 왔건만, 또 초보 여행자답게 엄청난 生고 생을 선택해 버렸다.

내가 좋아하는 덤블도어 교수님은 해리포터에게 이런 말을 한다.

"우리가 가진 능력이 아니라, 우리의 선택이야말로 우리가 진정 누구 인지 보여주는 거란다!"

많은 여행자들은 고생할 걸 알면서도 굳이, 여행을 선택한다. 그들은 굳이 굳이 고생을 자처하며 삶을 여행으로 채운다. 내가 베트남이 처음

이 아니었다면, 베트남어가 유창해서 무난히 소통할 수 있었다면, 또는 용기가 더 있었다면 고생을 덜 했을 수도 있다. 하지만 걷지 않았으면 만나지 못했을 수많은 호치민의 거리 속에서, 약간의 불편한 마음과 습한 이 열기 속에서 내 '여행머리' 속 베트남 거리는 제대로 자리를 잡았다.

숙소로 돌아가기 전, 길거리에서 '반미'를 팔고 있는 어머님이 보였다. 나는 아주 당당하게 첫 번째로 외운 베트남어를 외쳤다.

"등 버라우 응어" (고수 빼주세요!)

한 손에 반미 하나, 그리고 다른 손에 호랑이가 그려진 맥주를 들고, 나는 진짜 호치민을 즐기게 되었다.

덤블도어 교수님 　여행의 낭만, 로망, 환상은 무조건 깨진단다!

나중에 그 고생을 낭만이라고 부를 날이 올 거야.

아씨오. 낭만!!

호치민 : 말하지 않아도 알아요.

'인간은 무엇에나 적응하는 동물'이라고 했던가. 호치민에 도착한 지 약 25시간 째. 내 베트남 거리의 정의는 이렇게 바뀌었다.

'끊임없이 내리는 스콜 뒤의 상쾌한 냄새가 있고, 찐득한 더위를 피할 수 있는 오아시스가 건물들의 지붕마다 달려있는 곳. 그리고 회색빛이 아닌 빛나는 눈빛들이 골목마다 가득한 곳.'

그 중, '빛나는 눈빛'은 '여행자의 거리'라고 불리는 데탐거리에 아주 많

앉다.

호치민의 더위와 스콜에 어느 정도 익숙해진 나는 미리 조사해 둔 데 탐거리의 분짜 맛 집으로 향했다. 여행자들에게 유명한 곳답게 영어와 한국어 메뉴판은 물론이고, 혼자 앉을 수 있는 좌석들이 아주 많은 곳이었다.

혼밥이란 '초보 여행자'에게 늘 어려운 법이지만, 감사하게도 나의 호기심은 나의 소심함을 항상 이긴다. 그래, '혼밥도 처음이라~~' 오늘도 하나 성공했다!

나는 분짜와 넴을 하나씩 시키고, 나오자마자 빨리 해치우려고 고개를 박고 먹기 시작했다. 내가 앉은 1인석 정면에는 대형 거울이 놓여 있었는데, 맛에 감탄하다 문득 고개를 들어 앞을 보자마자 나도 모르게 속마음이 튀어나왔다.

"하나, 둘, 셋. 뭐야 설레게…!"

거울 속에는 나와 같은 나 홀로 여행자들이 내 옆으로 하나, 둘. 나란히 앉아 있었다. 나를 포함해 국적도, 나이대도, 성별도 다른 세 사람이 '여행자의 거리'에서 나란히 혼밥을 하고 있었던 것이다.

비슷한 처지의 친구들을 만나자 괜히 반가움에 기분까지 좋아졌다. 그렇게 마치 일행인 듯, 거울을 보며 식사를 하다 옆자리 여행자 친구와 눈

이 마주쳤다. 그것도 거울 속으로. 그 순간, BGM이 흘렀다.

"말하지 않아도 알아요~♬"

방송에 이 장면이 나온다면 100% 이 노래를 깔았을 것이다.

여행 계획을 세우며 수많은 시뮬레이션을 해서 그랬는지, 아니면 엄청
난 여행의 부담 때문이었는지, 이상하게도 베트남에 도착했지만 아직까
지 큰 설렘은 느껴지지 않았다. 너무 많은 기대를 해서 그랬나 일기를 쓰
던 첫날밤에는 섭섭한 마음까지 들었을 정도다. 그러다 다른 여행자들
과 눈이 마주친 그 순간, 내재되어 있던 설렘이 폭발해 버렸다. 혼밥이지
만, 혼밥아닌 혼밥같은 분짜를 찢어먹으며, 호치민에서 쌓인 온갖 근심
걱정도 사라진 듯 했다.

물론 소심한 나는, 아니 프리토크에 자신이 없던 나는 선뜻 그들에게
말을 건네지 못했다.

그들도 마찬가지였으나 이 장면에서 역시 같은 노래가 흐르고 있었다.

"말하지 않아도 알아요~ 그냥 바라보면~♬"

모두 다른 색의 눈을 가진 우리 셋은, 같은 반짝임을 담고 있었다.

하노이 : 하노이의 웃음

스튜디오 녹화장이나 야외 촬영장에는 굳이 말하지 않아도 제작진들이 지키는 '약속' 같은 게 있다. 혹시 카메라에 잡혀도 지나치게 튀지 않게 검은색 옷을 입으며, 촬영 일정이 빠듯해 종일 굶을 수도 있으니 주머니 속에 비상식량을 챙겨두는 것. 그리고 출연자들과 마주칠 때는, 스마일~ 미소 지을 것!

출연자들은 대게 촬영 중간, 수시로 담당 작가의 표정을 관찰하는 습관이 있다. 지금 잘 하고 있는지~ 대본 리딩처럼 진행되고 있는 건지~ 이건 잘 안 풀리는 것 같은데 어떻게 해야 하는지? 또는 당이 떨어지거나 카페인이 부족할 때 등등 작가와 계속 아이컨텍을 하며 촬영 상황을 주고받는 것이다.

작가마다 현장에서 일하는 스타일은 다 다르지만 나는 출연자들과 눈이 마주칠 때면 주로 환하게 미소 지으며 엄지손가락을 들어주는 편이다. 쉴 없이 칭찬하면서 분량을 잘 뽑아내겠다는 '자본주의 미소' 라고나 할까….

그렇게 아이컨텍 할 일도 없었는데, 나의 하노이에서는 머무는 내내 미소가 가득했다.

하노이 공항에 도착하자마자 활짝 웃으며 서있던 호텔 픽업 기사님을 시작으로 유난히 친절했던 호텔 직원들은 내가 도착한 순간부터 이 곳을 떠나는 순간까지 엄청난 환대를 선물했다. 하지만 현지인들과 제대로 소통 한 번 해보지 못한 '초보 여행자'에게 지나친 친절은 부담, 그 자체였다.

하노이 공항에 도착해 밖으로 나가자, 저 멀리 'Ms.YUN'이라 써진 종이를 들고 서 있는 한 남자가 보였다. 호텔에서 보내준 픽업 차량의 기사님이었다. '이런 환대는 처음이라~' 너무 민망스러웠던 나는 그에게 최대한 천천히 다가갔다.

"그냥 호텔 이름을 들고 계시면 내가 잘 찾아갈 텐데… 왜 이렇게까지…."

그러나 진작 나를 알아본 기사님은 환한 미소로 인사를 건네며 나의 캐리어를 빠르게 낚아채고 호텔로 향했다. 호텔에 도착하자, 몇 명의 직원들이 우르르 나와서 고작 캐리어 하나인 나의 짐을 옮겨주었고, 웰컴 음료와 가득 담긴 과일을 내어준 젊은 남자 직원은 체크인을 하며 친절하게 주변 관광지들을 소개해 주었지만 내 답은 이것 뿐 이었다.

"망고 is 굿! 하하하."

다른 이들에게는 항상 친절을 베풀면서 왜 다가온 친절에는 불편함을 느꼈던 걸까? 깜언(감사합니다!), 그저 고마워하면 될 것을.

그날 오후, 나는 하노이 중심부에 있는 호안끼엠 호수를 천천히 거닐었다. 호숫가에서 버스킹을 하고 있는 밴드의 노래를 가만히 서서 듣기도 하고, 몇 걸음 앞서 보이는 이름 모를 공연을 보며 박수치기도 했다. 그리고 다시 몇 걸음. 옆을 보니 흰둥이 강아지 한 마리가 나를 따라 걷고 있었다. 호수가 집인 듯 보이는 흰둥이는 나를 산책시키듯 함께 걸었고, 나는 활짝 웃으며 고마움을 전했다. 아마도 흰둥이는 여기 하노이에선 맘껏 미소 지어도 된다고 말해주고 싶었나 보다.

흰둥이의 조언이 먹혔는지, 그날 밤 나는 하노이 야시장에서 용기 내어 쇼핑 비슷한 것을 시도했다. 몇 바퀴 빙빙 돌고나서 힘겹게 고른 휴대폰 케이스를 집어 들고, 내 여행 인생에서 아주 중요한 순간이 될 대사 하나를 뱉었다.

"제가 하이까이(두 개) 살 건데, 디스카운트 OK?"

무려 3개 국어가 섞인 대사였지만, 사장님은 흔쾌히 OK! 해주셨다. 대박….

다음으로 들른 과일가게에선 한 봉지를 주문하고 미소를 장착한 뒤, 이렇게 말했다.

"(손짓) 조~금만 주세요. 아임 얼론!"

그들에게 모두 깜언, 을 말하며 생각보다 어렵지 않은 현지인들과의 대

화에 스스로를 칭찬했다. 흰둥아, 고맙다!

베트남에 다녀온 사람들은 모두 공감하겠지만, 이곳은 사람만큼 오토바이가 많은 곳이다. 신호등 없이 오토바이가 가득한 거리를 가로지르는 건 '초보 여행자'들에게 아주 어려운 일이지만, 웬일인지 나는 이것에 빠르게 적응했다. 때가 되면 멈추고, 때가 되면 건너는 그들만의 약속. 그리고 길을 건널 때 살짝 보이는 기사님들의 미소가 무엇인지 이제 조금, 알 것 같다.

나의 하노이, 깜언!

하노이 : 호랑이의 맛

"호랑이랑 사자 둘 다 먹어봤는데, 호랑이가 더 나아~ 호랑이 못까이!
아, 타이거!!"

'아는 만큼 보인다.'고 베트남에서 맛 본 호랑이 맥주는 그 날 이후, 내
최애 맥주가 되었다. 집에 돌아와서도 종종 호랑이와 함께할 때면 어김
없이 하노이의 그 거리가 떠오른다.

수많은 여행자들이 가득했던 하노이 맥주거리. 그리고 함께 마신 한 사
람. 나의 말을 듣고, 뒤따라 호랑이 맥주를 주문한 사람은 나의 오랜 친
구였다.

여행 계획을 세우던 어느 날. 오랜만에 안부를 전하던 친구에게 놀라
운 소식을 들었다.

"나 베트남으로 이사 가~ 다음 주 출발이야!"
"(잠시 놀란 뒤) 음⋯. 내가 조금 먼저 가네? 하노이에서 기다릴게!"

일 때문에 몇 년간 베트남에서 살게 되었다는 친구의 말을 듣자마자 아
쉬움도 잠시, 하노이에서 누군가를 만날 수 있다는 생각에 행복해졌다.
혼자서는 다니기 힘든 여행코스를 함께해 줄 존재가 갑자기 선물처럼 나

타난 것이다. 나는 베트남을 여행하는 내내 친구에게 현지의 분위기를 전하며, 하노이에서의 만남을 손꼽아 기다렸다.

친구는 하노이에 도착한 바로 다음 날, 나를 만나러 시내로 나왔다. 서울에서도 잘 못보고 살았는데 뭐가 그리 반가웠는지 우리는 얼굴을 보자마자 격한 인사를 나눴고, 고작 며칠 먼저 이곳에 도착한 나의 리드대로 반나절의 여행을 즐겼다. 하노이에서 먹어보고 싶던 비빔 쌀국수 맛 집에 들어가 혼자서는 먹지 못할 양의 음식을 테이블 가득 시켜먹기도 하고, 민망해서 시도해보지도 못했던 마사지까지 받으러 갔다.

이 날의 마지막 코스는 술과 무한한 수다가 가능한 곳, '하노이 맥주거리!' 저녁이 되면 수많은 여행자들이 점령해 버리는 이 거리는 일행이 없는 여행자들이 홀로 자리를 차지하기에 굉장히 부담스러운 곳이다. 그런 내게 함께 해줄 술친구가 생긴 것이다. 나와 친구는 호랑이 맥주를 쉼 없이 건배하며, 나의 여행기와 친구의 이주기를 끝도 없이 나눴다.

"너가 이렇게 말 많이 하는 거 처음 봤어! 베트남이 잘 맞나봐?"

어라? 평소 말을 하는 것보다 들어주는 걸 훨씬 좋아하던 내가 끊임없이 친구에게 말을 걸고 있었던 것이다. 생각보다 사람이 많이 그리웠던 걸까? 괜찮다고 했지만, 내 외로움이 심각했던 걸까? 아니면, 혼자 떠나온 나의 여행을 빨리 누군가에게 자랑하고 싶었던 걸까?

무엇이든 상관없었다. 그 거리에서 나는 혼자가 아니었으니까.

주문했던 다음 호랑이 맥주가 올 때까지 고개를 돌려 다른 여행자들을 보았다. 베트남에 여행 온 사람들은 싹 다 모인 것처럼 많은 여행자들이 있었고, 저마다 호랑이와 사자 등등을 들고 신나게 웃으며 이야기를 나누고 있었다. 조금 취기가 올라서 그랬는지, 나는 감히 이런 생각이 들었다.

"언젠간 나도 저 자유로운 여행자들과 호랑이 한 병하며 웃을 수 있겠지?"

아마도 하노이에서 친구를 만나지 않았다면 나는 여기 맥주거리를 그냥 지나쳐 갔을 것이고, 이런 취기어린 욕심도 부리지 못했을 거다.

'혼자가면 빨리 갈 수 있지만, 같이 가면 멀리 갈 수 있다'는 유명한 말처럼 누군가와 함께하는 여행은 느린 속도로 깊은 행복을 주었다. 그동안 지독하게 홀로 다닌 덕에 꽤 늦게 이 맛을 알게 되었으나, 아쉽지만은 않았다. 아직 내 여행의 시간은 충분하니까.

이렇게 '호랑이의 맛' 덕분에 나의 여행능력치는 '어흥~' 더 강해졌다.

여행지에서 내가 가장 많이 쓰는 말이 무엇일까?

거리를 거닐며 하는 혼잣말과

매일 적어내려 간 일기에 적힌 말들이 대부분이었지만,

가장 많이 쓴 표현은 생각보다 단순했다. '나의, OOO'

아마도 조금 늦었지만 어렵게 떠나온 여행이라,

이 거리와 이 도시를 온전히 내 것으로 만들고 싶었나 보다.

'좋은 여행자'가 되는 것은 여전히 어렵다.

하지만 분명한 건, 떠나보지 않았던 나와 지금의 나는

확실히 다르다는 것이다.

나의 후쿠오카, 나의 포르토피노,

나의 미라노와 나의 호치민, 하노이….

수많은 나의 별들과 별들에게 위로받는 사람.

이 별을 살아가는 동안 매일 여행 하겠다는 사람.

그리고 이 소중함을 깨닫게 해준 고마운 사람에게 전한다.

지금, 내가 걷고 있는 여기.

"여기도, 나의 별!"

#4.
우리 꼭, 다시 만나

이태원 : 오랜만에 생긴 꿈

"막방하면 이번엔 어디 갈 거야?"

여행자가 아니었던 시절, 한 번도 들어보지 못한 질문들을 받는다. 어디로 갈 건지? 얼마나 다녀올 건지? 또 혼자 가는 건지? 등등…. 이 질문들에 꽤 서툴게 대답하던 나. 이제는 조금 여유로운 듯 이렇게 답한다.

"음~ 좀 더 많이 기억할 수 있는 곳으로 가려고!"

굉장히 낭만+감성 가득한 답으로 들릴 수 있지만, 기억력이 그다지 좋지 못한 나에게 아주 현실적인 대답이었다.

여행자, 라는 말에는 단순히 여행을 하는 것만 들어있지 않다. 여행은 다녀와서부터 진짜 시작이라고 말하지 않는가. 그렇게 난 이제, 이태원에서 나의 여행들을 추억하는 여행자가 되었다.

내가 여행을 다니면서 크게 변한 것 중 하나는 반가울 것들이 늘어났다는 것이다. 어딘가에서 내가 가봤던 도시의 이름만 들어도, 내가 먹어봤던 음식 메뉴만 발견해도, 다들 한 번쯤 뱉어봤던 외국어 인사말이 들려도, 그렇게 반가울 수가 없다.

"내가 이태리를 좀 아는데~ 내가 분짜 좀 먹어봤는데~~ 이 라멘이 말이야~~~"

할 수 있는 말도 많이 늘어났다. 여행지에서 찍었던 수많은 사진들을 수시로 다시 보고, 그곳에서 올렸던 SNS 게시물에 달린 댓글들을 보고 또 보며 나의 여행은 계속되었다.

얼마 전 이태원에 새로 생긴 호텔 지하에는 느낌 좋은 서점 하나가 들어왔다. 단골 카페 근처였기 때문에 늘 책고픈 나에겐 새로운 아지트로 딱 이었다. 폭신폭신한 바닥을 밟으며 서점 안으로 들어가 왼쪽으로 한 번만 꺾으면 '여행 에세이'와 '가이드북'이 가득한 '여행 코너'가 나온다. 대부분의 서점은 가장 잘 보이는 자리에 베스트셀러나 인기 좋은 소설, 비소설 책들을 비치해 두는데 이 곳은 가장 앞에 여행 서적들을 떡하니 놓아두었다.

이태원의 신상 호텔이라 그런지, 이 서점에는 유난히 외국인 손님들이 많은 편이다. 나는 멀찍이 의자에 앉아 외국인 손님들을 자주 관찰하곤 하는데 그들은 주로 자기 나라의 가이드북이나 그 나라의 도시를 주제로 한 여행 에세이들을 휘리릭 넘겨보고, 한국 여행 책들을 보며 짜온 코스를 다시 점검하는 듯 보였다.

그들을 보는데 문득, 마음 속 욕심 하나가 들렸다. 언젠가 내가 다녀온 나라의 사람들이 내가 쓴 여행기를 보며 함께 추억에 빠질 수 있다면 참 좋겠다고. 내가 기록한 사진과 글들을 통해 다시 한 번 가 봐야지~ 이 나라에 이렇게 예쁜 곳이 있었나~ 생각할 수 있으면 좋겠다고.

여행을 넘어서 새로운 꿈이 생겼다. 참으로 오랜만에 생긴 꿈이었다.

이렇게 나는 또 감히,
여행을 기록하는 사람이 되어 여행자의 범위를 넓혀보고자 한다.

내 여행의 기억을 많은 이들에게 전하며, 당신도 떠나보면 좋겠다고 말을 걸어보려 한다.
무엇보다 여행을 통한 나의 소중한 변화들이 영원히 잊히지 않았으면 했다.

그래, 원래 늦을수록 영원한 것을 찾기 마련이니까.

춘천 : 오글거려도 청춘

눈앞에 길고, 멀리 난 길이 있다. 나는 그 길 가운데를 걷고 있었고, 저~기 끝에 한 사람이 보인다. 하지만 그가 앞으로 다가오는 건지 좀 더 멀어지는 건지는 알 수 없다. 아마도 조금 더 다가가면 알 수 있을 것이다. 하지만 나는 내 속도대로 천천히 앞으로 걷는다.

현실의 시간과 공간에서 잠시 벗어난 듯, 오롯이 나에게만 집중할 수 있는 멀리난 길. 나의, 춘천이었다.

춘천 구봉산 전망대 근처에 가면 유명한 카페들이 몇 있다. 탁 트인 춘천 시내와 푸른 숲을 볼 수 있는 뷰 맛 집들로 꼭 들러야 하는 여행 코스라고 했다. 나는 그 중, 가장 조용한 카페로 들어가 한참 글을 쓰다 내려갈 때 타야하는 버스를 놓쳤다는 것을 뒤늦게 깨달았다. 춘천에 온 김에 또 여기저기 다녀보겠다고 선택한 '시티 투어 버스'가 날 두고 떠난 것이다.

다음 투어 버스가 올 때까지 꽤 많은 시간이 남았지만, 카페 몇 개뿐인 구봉산에서 할 수 있는 건 거의 없었다. 그냥 기다리며 걷는 것 뿐.

늘 관찰하고 에피소드를 눈에 담으려 하는 사람이기 때문에 '멍 때림'을 별로 좋아하지 않는 나지만 별 수 없었다. 내 눈앞에는 멀리 쭉 뻗은 도로와 푸른 나무, 푸른 하늘뿐이었으니까. 심지어 함께 걷는 사람조차 한 명도 없었다. 그렇게 다시 정류장으로 돌아오기 좋을 만큼의 거리를 천천히 걷고 걷는데, 무척이나 오글거리는 대사 하나가 입 밖으로 나오고 말았다.

"아, 이게 청춘인가…."

지나가 버린 버스를 아쉬워하지도, 많이 남은 버스 시간에 불평하지도 않고, 온통 푸른 그 길을 걷는 일이 꽤 마음에 들었나 보다.

얼마 지나지 않은 어느 겨울, 나는 촬영을 하러 춘천을 다시 찾았다. 뮤지션들의 음악 작업기를 보여주는 리얼리티 프로그램이었는데, 이번 회차의 주인공인 밴드는 새 앨범의 노래를 녹음할 색다른 장소를 찾고 있었다. 그들이 첫 번째 후보지로 고른 곳이 바로 춘천. 신인 시절 공연을 하던 소중한 추억이 담겨있는 곳이라고 했다.

춘천 시내의 폐건물, 천장이 높은 성당, 신인 밴드들이 자주 찾는다는 야외 공연장…. 그들은 후보 장소들을 하나씩 들를 때마다 '우리 처음에는 이랬지~ 옛날 생각난다~ 그립다~'를 내뱉으며 추억에 젖어갔다. 그날은 역대급으로 추운 영하의 날씨였고, 꽤 많은 눈까지 내리고 있었으나 몇 시간씩 장소를 바꾸며 돌아다니는 촬영에도 지쳐 보이지 않았다.

우리는 결국 한 고등학교 체육관을 섭외해 신곡을 녹음하기 시작했다. 하필 깨진 유리창 사이로 찬바람은 끊임없이 들어왔고, 주인공 밴드는 꽁꽁 얼은 손과 입을 핫팩으로 녹여가며 연주와 노래를 이어갔다. 롱패딩을 입고 입김을 내뿜으며 노래를 하는데 어쩐지 행복해 보이는 그들. 추위는 역대급이었으나, 그 강당의 우리들은 참으로 뜨거웠다.

촬영 후, 얼마 지나지 않아 출연자들과 안부를 나누는데, 그들은 '벌써 그립다'는 말을 했다. 그 말은 분명히, 청춘이었다.

파~랗고, 뜨-겁고, 그리운 곳.

조금 오글거려도 청춘이 그리울 때마다, 여행이 생각날 때마다 춘천을 자주 찾으려 한다. 용산역에서 ITX를 타면 한 시간이 채 안 걸리고 심지어 지하철 '경춘선'이라는 것까지 있으니, 서울에서 가장 가까운 청춘이 아닌가.

오글거려도 뭐 어떤가!

여행을 하며 청춘을 만나는 일이란, 꽤 쉽지 않은 일이니 말이다.

베네치아 : 어떻게 답사까지 사랑하겠어,
여행을 사랑하는 거지

"다행이다. 하나도 변한 게 없어서."

어느 가을날 이른 새벽. 베네치아 리알토 다리 앞 카페에 서서 뜨거운 카푸치노를 마시며 했던 생각이다. 답사와 본 촬영 사이. 한 달이 채 안 지난 시간이었으니 변하지 않은 것이 당연한데, 나는 쓱 미소를 지으며 누구보다 그곳을 반가워했다.

이탈리아 촬영을 위해 사전 답사를 왔을 때의 일이다. 우리는 촬영 장소인 '미라노' 근처에 있는 베네치아의 '리알토 시장'에서 장을 봐야했는데, 미리 물건을 살 가게들을 섭외하고 동선을 체크하기 위해 베네치아로 향했다.

내 눈으로 만난 베네치아는 소문대로 정말 완벽했다. 가운데 넓고 길게 흐르는 베니스 강을 중심으로 크고 작은 골목마다 영화에서 본 듯한 비주얼의 건물들이 가득했고, 곤돌라를 타고 강을 달리는 여행자들과 기념품 상점에서 화려한 가면을 고르는 여행자들의 얼굴마다 행복이 뚝뚝 흐르고 있었다. 물론 내 얼굴엔 섭외 걱정, 기록할 걱정에 한숨만이 따라다녔고 말이다.

우리의 목적지인 '리알토 시장'은 베네치아의 랜드마크 '리알토 다리'에서 안으로 조금만 들어가면 나온다. 이탈리아의 싱싱한 채소와 색색의 과일, 다양한 수산물과 각종 식재료들이 가득한 곳으로 현지 시장을 좋아하는 여행자들이 근처에 오면 반드시 들른다는 여행자들의 필수 코스이기도 하다. 우리들은 샅샅이 시장을 돌며 촬영 협조를 구하고, 촬영에 맞춰 필요한 식재료들도 미리 주문을 마쳤다. 현지 코디님이 사전 준비를 잘 해주신 덕에 시장 답사는 아주 훈훈하게, 그리고 빠르게 마칠 수 있었고 답사 후, '리알토 다리' 바로 앞 레스토랑에서 그 유명하다는 '먹물 파스타'까지 먹었다. 이번 촬영 준비는 아주 완벽하군.

잠시 행복을 느끼려는 바로 그 순간. 저 멀리 서울에서 일하고 있는 작가들에게 무시무시한 연락이 도착했다. 국내에서 하고 있는 촬영 준비에 뭔가 문제가 생긴 것이다. 역시, 이렇게 쉽게 넘어갈 리가 없다.

문제를 해결하기 위해 머리를 맞대고 있는데, 코디님들은 다음 일정으로 우리를 이끌었다. 야외 프로그램 사전 답사를 오면 방송 중간에 사용할만한 인서트 화면을 미리 찍어두기도 하는데, 관광객들은 잘 모르는 아주 훌륭한 인서트 장소를 찾았다고 하셨다. 근처 백화점 건물 옥상에 위치한 전망대였는데, 내려다보니 베네치아의 전경이 한 눈에 보이는 정말 기가 막히는 곳이었다.

"윤작가님 좀 웃어보세요~ 이 뷰는 다시 못 볼지도 몰라요!"

코디님들은 엄청난 뷰 앞에서 수많은 사진을 찍어주셨지만, 작가들의

얼굴은 온갖 근심 걱정으로 가득했다. 한숨까지 푹푹 쉬어가며 서울의 작가들과 연락을 주고받다 다음 답이 올 때까지 잠시 아래를 내려다보았다. 웃음까진 안 나오더라도. 이렇게 돌아갈 순 없었다.

아주 잠시 귀를 닫고 마음을 연 뒤, 잔잔히 흐르는 베니스강을 바라보며 곤돌라와 함께 걱정을 떠내려 보냈다. 손에 쥔 걱정대신 베네치아의 바람을 만져보려 손바닥을 활짝 펴보기도 했다. 물론 걱정 근심은 강물과 함께 다시 되돌아 왔으나, 그래도 약간은 기분이 나아진 듯 했다. 딱 3분. 3분이면 충분했다.

유난히도 맑고 시원했던 그날의 날씨와 베네치아 전망대, 그리고 환히 웃지 못했던 시간은 두고두고 아쉬움으로 남았다. 다음에 다시 가면 계절과 날씨가 또 달라져 있을 텐데 그저, 많이 달라지지 않기만을 바랄 뿐이었다.

그리고 본 촬영을 위해 다시 베네치아를 찾았다. 답사를 다녀온 나는 선발대로 먼저 이곳에 도착해 모든 체크를 마친 뒤, 아주 운이 좋게도 출연자들이 올 때까지 카푸치노 한 잔을 마실 시간이 있었다. 나는 출연자들을 기다리며 카페 앞으로 나있는 이른 아침의 베네치아를 보러갔다. 새벽이라 살짝 어둑했으나 여전히 예쁘고, 고요한 그 강에게 웃음을 건넸다.

"안녕 베니스. 나 다시 왔어!"
베네치아의 바람은 그대로였다.

　여행을 떠나와서 걱정을 모두 버린다는 것은 쉬운 일이 아니다. 심지어 나처럼 일로 떠나온 곳에서는 걱정이 없는 게 이상할 정도일 것이다. 그러나 걱정은 걱정이고, 여행은 여행 아닌가! 공과 사를 구분하듯 걱정과 여행을 분리할 수 있다면, 그래도 좋은 추억 하나쯤은 더 생기지 않겠는가.

"어떻게 답사까지 사랑하겠어♬ 여행을 사랑하는 거지♥"

달랏 : 어느 지프 대장의 이야기

베트남으로 향하는 티켓을 무작정 지를 때쯤, 아주 궁극적인 질문이 들었다. 국제선 여권에 쌓인 여행 도장은 겨우 세 개. '내 여행은 많이 나아진 걸까?'

말도 안 통하는 베트남까지 오게 된 걸 보면 조금 나아진 것도 같은데, 여전히 실전에선 실수투성이고 이게 또 고생스럽지만, 재미있기도 한데…. '나는 과연, 잘 여행하고 있는 걸까?'

나의 이 근본적인 질문은 달랏의 어느 시골길에서 해소되었다. 아주 뜻밖에도.

달랏은 베트남 여행 계획을 짜다 우연히 알게 된 곳이었다. 자료를 찾아보니 이미 발 빠른 여행자들 사이에선 꽤 소문난 곳이었는데, 가장 흥미로운 후기는 '여긴 고산지대라 춥다.'는 말이었다. 에이~ 아무리 그래도 베트남인데, 춥기까지 하겠어? 달랏에 도착해 호텔 체크인을 할 때까지만 해도 몰랐는데, 밖으로 나오자 서늘한 바람이 휘~~ 어라? 쌀쌀하네?? 분명 다른 날씨긴 했다.

달랏에서의 첫 번째 일정은 전망이 좋기로 유명한 '랑비앙산' 이었다. 숙소 근처에서 30분쯤 버스를 타고 달리자 슬슬 시골길이 보이기 시작했고, 뒷자리에서는 익숙한 한국 여행객들의 대화도 들리기 시작했다.

랑비앙산 전망대까지는 거리가 꽤 되기 때문에 대부분 산 입구에서 몇 명씩 팀을 짜 지프를 타고 올라간다. 아직 사람들과의 대화가 두려워 베트남에서 택시도 한 번 못 탔는데, 모르는 사람들과 팀은 어떻게 짠담…? 그러나 나의 달랏, 망설이고만 있기에는 시간이 많이 없었다.

산 입구를 한 바퀴 돌며 지프 동지들을 둘러보는데, 아빠와 함께 온 베트남 꼬마 소녀가 보였다. 그 앞으로 다가설 때쯤 베트남 남성 2분이 합류했고, 내가 환히 웃어보이자 손가락으로 V를 그려 보이는 지프 기사님. 귀여운 기사님이네~ 하고 생각할 때쯤, 'V'가 아니라 '2'라는 걸 깨달았다. 아, 두 명이 모자라네?

그 때, 뒤를 돌아보니 함께 버스를 타고 온 한국인 커플이 두리번거리고 있었다. 재빨리 그들에게 지프 동지가 되자고 말했고, 드디어 팀은 완성되었다. 그렇게 산을 오르는데 옆자리에 앉은 소녀는 외국인 언니가 신기했는지 자꾸만 관심을 보였다. 아이 아빠는 머쓱하게 '한꿕?'(한국인?) 이냐 물었고, 나도 '한꿕!!'(한국인!) 이라 대답하며 나의 장기인 무작정 한국어 대화가 시작되었다.

"넌 이름이 뭐야? 아빠랑 놀러왔어? 맞아~ 나는 한꿕이야. 혼자 왔어. 얼론! OK?"

소녀는 대답 대신, 환히 웃어보였다.

비까지 내려 그런지, 랑비앙산은 물안개로 가득해 앞이 거의 보이지도 않았다. 전망이 좋다는 달랏의 관광지를 찾아온 건데, 전망은커녕 산 위에 꾸며놓은 꽃송이 하나도 선명하게 보질 못했다. 꽃을 보러 왔는데, 뭉게 뭉게한 구름 위를 걷는 기분이라고 해야 하나? 그리고 산 위라 그런지? 정말 추운 것 같기도 했다.

따뜻한 쓰어다 커피 한 잔을 쥐고 구름 속을 한참 걸으니, 어느새 산에서 내려갈 시간. 우리 지프 앞으로 돌아가니, 꼬마 소녀가 손을 흔들고 있었고 내려오는 내내 아빠가 사줬다는 피카츄 귀가 달린 모자를 자랑했다. 한국에서 온 작가 언니는 직업병인 리액션 실력 발휘를 제대로 하며, 가방 속에 들고 다니던 초콜릿 박스를 하나 건넸다.

"깜언!"

내가 베트남에서 베트남인에게 이 말을 듣게 될 줄이야.
여행을 시작하며, 새로운 친구에게 처음으로 건넨 선물이었다.

숙소로 돌아가려면 다시 긴 시간을 기다려 아까 탔던 버스를 타야했다. 한국인 커플과 정류장에서 버스를 기다리는데, 그들은 의외의 말을 건넸다.

"여행 베테랑인 거 같은데, 맞죠? 배낭매고 세계 여기 저기 잘 다니셨을 것 같아~!"
"제가 요…?"

"베트남어도 잘 하시던데!! 부러웠어요~"

"제가…… 요?"

'한꿕'이랑 '깜언'밖에 말한 게 없는데, 대화를 술술 잘 하는 것처럼 보였나보다. 여행 베테랑이라니, 내가? 아직 여권에 도장들도 안 말랐을 텐데…?!

하지만 그 말이 썩 나쁘지 않았는지 나는 크게 부정하지 않고, 여유롭게 미소를 지어 보였다. 찐 여행 베테랑인 듯 보이는 커플은 내게 언젠가 여행에 권태기가 오면 '요르단'으로 떠나보라고 권했다. 여행을 많이 다니면 설렘과 로망 지수가 줄어들게 되는데, 요르단의 위대한 대자연 앞에서면 다시 쿵쾅, 심장이 뛴다고 말이다.

이 말을 듣자, 쿵쾅. 잠시 진정되었던 내 심장이 다시 빠르게 뛰었다.

'나는 과연, 잘 여행하고 있는 걸까?'
질문을 품고 한 여행은 답을 내기 위한 고민만큼 더욱 깊어지는 법이다.
랑비앙산으로부터 돌아오는 버스 안에서,
나의 궁극적인 질문은 이렇게 바뀌었다.

'나의 여행은 무엇이 달라졌을까?'
되게 많이 바뀐 것 같지만, 답은 하나였다.

'여행을 하면서 비로소, 살고 싶어졌다는 것.'

달랏 : 내 여행, 따듯한 두유처럼

"어머, 이건 놓치면 안 돼! 남는 건 이것 뿐이야!!!"

홀로 여행자들에게 영영 아쉬울 수밖에 없는 것. 바로 여행지에서의 사진 촬영이다.

나도 여행을 다니며 꽤 많이 사진을 찍는 편인데, 카메라 앵글 안을 많이 보고 살아서 그런지 인물 보다는 장소를 중심으로 촬영 버튼을 누른다. 언제 다시 올지 모르니까? 촬영하러 오게 될 지도 모르니까? 여러 가능성들이 머릿속에서 떠나질 않아 휴대폰 갤러리는 늘 만석. 그러나 내 얼굴이 담긴 사진은? 없다. 단 한 장도.

찍히는 것보다 찍는 쪽에 서 있는 직업이라 그런지, 아니면 홀로 하는 여행들이 많아 자연스럽게 피사체에서 나를 지우게 되었는지 모르겠으나, 나는 애초에 '셀카'에 흥미를 느끼지 못했고 얼굴이 담긴 인생샷에 크게 미련이 있지도 않았다. 인생샷으로 유명한 달랏의 관광지, '크레이지 하우스'에서도 마찬가지였다.

'크레이지 하우스'는 마치 스페인 바르셀로나 '가우디 양식'의 건물처럼 독특한 형태의 건축물로 신비한 구조의 사진을 많이 찍을 수 있는 곳으로 유명했다. 예쁜 배경사진이나 많이 찍어와야지 하며 들른 곳이었는데, 첫 인상은….

"어, 이거 어디서 봤는데…. 어릴 때 와 본 적 있는 것 같은데??"

어릴 때, 놀이공원을 가면 꼭 찾았던 '착각 미로의 방'이 딱 떠오르는 곳이었다. 마법의 방처럼 생긴 문으로 들어가 꼬불꼬불 기하학적인 계단을 오르면 정체 모를 기둥과 지붕들이 미로가 되어 나타나고, 되돌아가는 길도 없이 꼼짝없이 그 건물들을 대탈출 해야 하는 이 곳. 혹시 크레이지 하우스가, 그 크레이지??

사진은커녕 허벅지에 쥐가 날 정도로 끊임없이 계단만 올랐다. 그렇게 후회와 피로감으로 계단을 꽤 오르내리자, 오랜만에 달랏의 풍경을 볼

수 있는 공간이 나타났다. 그리고,

"오, 크레이지… 미쳤네!!"

기하학적인 창문 밖으로 랑비앙산에서 안개에 가려 보지 못했던 달랏의 도심 풍경이 작품처럼 놓여 있었다. 때마침, 해는 지고 있었고 핑크빛으로 물든 선셋을 보려 한동안 그곳에 가만히 서 있었다. 이 엄청난 작품을 보기 위해 수많은 계단을 오르고 복잡한 미로를 통과하게 했나 보다. 여행자들과의 '밀당'이 말 그대로 '크레이지'한 곳이었다.

　희한한 여행을 마치고 돌아가려는데 입구 포토존 앞에서 서로 사진을 찍어주겠다는 한국인 가족이 보였다. 가족이 왔으면 가족사진을 찍어야지! 나는 조심스레 다가가 물었다.

"사진 찍어드릴까요?"
"아니, 여기서 동포를 만나고 반갑습니다! 학생도 찍어줄까요?"

　사진을 찍어주겠다는 아저씨의 말, 그리고 '학생'이라는 고마운 단어에 0.5초 정도 멈칫 했으나, 난 이렇게 답했다.

"아니, 괜찮아요. 눈으로 충분히 봤습니다. 안 찍어도 될 것 같아요!"

　여행을 와서 다른 여행자에게 친절을 베풀다니, 이 쌀쌀한 도시에서 작게나마 따스함을 전한 것 같아 기뻤다.

이날의 마지막 코스는 달랏 여행의 하이라이트, '야시장' 탐방이었다. 불과 어제까지만 해도 베트남의 열대 더위를 제대로 맛보고 있었는데 달랏 야시장은 마치, 크리스마스 즈음의 시장을 보는 듯 했다. '베트남인데 춥다.'는 후기를 도저히 믿을 수 없었는데, 밤이 된 달랏은 놀라움 정도로 차가운 공기를 품었다. 상인들마다 패딩 점퍼와 털모자, 장갑들을 팔고 있고, 심지어 이곳에서 가장 유명한 먹거리는 'Sua Dau Nanh'이라는 따뜻한 두유다.

추위를 녹일 겸 도착하자마자 구입한 따뜻한 두유 한 모금에, 그리고 달랏의 또 다른 명물이라는 상큼한 산딸기 한 입에 달랏에서의 피로는

싹 사라졌다. 이곳은 정말, 희한하고도 아름다운 곳이구나.

 이렇게 따듯한 두유처럼. 어디에서나 따스한 친절을 먼저 전할 수 있는 여행자가 된다면 얼마나 좋을까? 앞으로도 사진을 찍어달라고 부탁하기 전에 먼저 찍어주겠다고 마음을 건넬 수 있는 그런 여행자가 되어야겠다.

아저씨   학생, 정말 안 찍어도 되겠어? 남는 건 사진뿐인데 후회하지 말고~

나   이 순간을 기억하면 되지요! 자, 웃으세요~ 크레이지~~~^^

가족   크레이지~~~☺

무이네 : 여행의 이유

'실려 갔다. 나를 또 스타렉스에 구겨 넣었다. 어느 방향인지도 모른
채, 또 탔다.
  겁도 없다. 나는 참.'

  베트남 호치민에서 무이네로 향하던 길 위, 흔들리는 차 안에서 적었
던 위태로운 글이다.

  호치민에서 무이네까지는 생각보다 먼 거리를 이동해야 한다. 슬리핑
(=누워서 가는) 버스로 간다기에 편하겠다고만 생각했는데, 알고 보니
슬리핑 버스 정류장으로 가기까지 스타렉스 이동 한 번, 그리고 어딘가
휴게소 같은 곳에 내려 무이네 숙소까지 이동하는데 스타렉스 또 한 번
이 포함되어 있었다. 지금 생각해도 겁도 없다. 나는 참.

  '초보 여행자'를 갓 졸업한 내가 수많은 여행지 중 베트남을 선택한 이
유는 생각보다 단순했다. 여러 여행 후기들을 둘러보다 사진 한 장에 꽂
혔기 때문이었다. 흰 모래가 가득한데, 그 뒤로 해가 떠오르고 있었고,
그 그림 같은 풍경 위에 쓸쓸하게 서 있던 여행자의 뒷모습 하나. '사막'
이었다.

"여긴 어느 사막이야? 너무 멀면 곤란한데… 뭐야? 베트남??!"

사막의 정체가 베트남 무이네에 있다는 사실을 알자마자, 무이네를 중심으로 베트남 여행 계획을 짜게 된 것이었다. 그 '문제의 사진'을 꼭 찍겠다며 사막에 갈 때 입으려는 옷까지 골라 넣었다. 난생 처음, 여행지에서 찍고 싶은 사진까지 생긴 것이다.

나는 확고한 여행의 이유와 목적까지 정한 내가 너무도 기특해, 적어도 무이네에서 만큼은 내 육신과 정신에게 호강을 선물하고 싶었다. 여행할 때 늘 가성비 좋은 숙소만 선택했던 나인데, 무이네에서는 목적지였던 '레드 샌듄'을 걸어서 갈 수 있는 럭셔리한 리조트를 호강 본부로 삼았다.

"우와와아아아아아."

배정받은 리조트 방에 들어가 캐리어를 옮겨준 직원이 나가자마자, 침대에 뛰어들며 소리를 질렀다. 육성으로 그렇게 큰 소리를 질러본 게 참 오랜만이었다. 그 즈음 손님이 없었는지, 아니면 한쪽에서 용감하게 찾아온 여행자의 '호강 본부'라는 걸 눈치 챘는지, 내 방의 컨디션은 정말 훌륭했다. 엄청 큰 침대가 두 개나 있었고, 에어컨은 아주 쾌적했으며, 테라스 문을 열면 큰 야자수들과 새소리가 가득했다. 몇 걸음만 걸으면 눈앞에 프라이빗 해변도 자리하고 있었다. 대박. 내 생에 첫 호캉스가 시작된 것이다.

　흥분을 잠시 가라앉히고, 내일 새벽에 떠날 '사막 지프투어'를 예약하기 위해 여행사가 있는 거리로 나섰다. 무이네의 지리는 길게 뻗은 바다와 그 옆에 난 긴 흙길. 그리고 양쪽으로 크게 있는 두 개의 사막이라고 생각하면 되는데, 사막 옆이라 그런지 유난히 햇살이 뜨거웠다.

　사막 투어 예약을 마치고 다시 돌아오는 길. 나는 이미 한 번 버스를 거꾸로 탔던지라, 버스를 타자마자 안내보이에게 폭풍 질문을 해댔다. 그는 '너의 리조트 OK'라는 말을 반복 하면서 환히 웃어보였다. 하긴, 나와 같은 여행자들을 아주 많이 만나봤겠지.

　그 버스는 사막을 거쳐 무이네 주민들이 사는 동네로 향하는 듯 했다. 버스 안에는 비슷한 나이대의 어머니들이 가득 있었고, 그녀들이 가지고 탄 정체 모를 '리치'들이 한 가득이었다. 숙소로 향하는 내내 버스 안내보이는 나에게 수많은 대화를 시도했다.

"한꿕?"   "(아는 말 나옴) 응! 한꿕!"
"(베트남 말)"   "으응??"
"(베트남 말)"   "(한국말 시작) 미안한데 내가 말을 못 해…."
"(베트남 말)"   "저기, 나 언제 내려요??"
"리치?"   "?? 리치?"

우리 둘의 대화를 듣던 어머니들이 꺄르르 웃었고, 넉살 좋은 안내보이는 그 중에 제일 크게 웃으며 나를 보았다. 그리고 순간, 나도 씩 웃고 말았다. 그는 리치 하나를 꺼내 심지어 직접 까서 내게 내밀었고, 난 또 냉큼 받아먹으며 거의 유일하게 아는 베트남 말을 했다.

"깜언, 맛있네~"

리치의 맛은 아주 굉장했다. 여행자에게 일상의 맛이란 달콤할 수밖에 없으니, 그제야 내가 무이네의 일상으로 들어온 것 같았다.

무이네 호캉스 첫날밤을 기념하기 위해 나는 리조트 안에 있는 BAR를 찾았다. 무려 이태원에 살면서도 혼자 가 볼 생각조차 하지 않았던 BAR. 거기 앉아 달콤한 칵테일을 한 잔 마시며 글을 쓴다면 훌륭한 호캉스의 마무리가 될 것 같았다.

　정말 손님이 없었는지 그날 BAR 안에는 나 뿐 이었다. 조용히 오늘의 글을 마무리 하려는데, 갑자기 라이브 밴드가 나타났다. 굳이 그러지 않아도 되는데…. 아마도 내가 와서 출근을 한 모양이다. 싱어는 라이브 한 곡을 마치고 내 이름과 국적을 물어보더니 급기야 '백만송이 장미'를 연주하기 시작했다.

　"미스 윤. 디스 이즈 포 유. 백만송이 장미."

　고독을 즐기는 인프제에게 지나친 관심은 최악이지만, 그 순간 나의 알파벳은 바뀌고 말았다. 엄청 부담스럽고 민망해서 얼굴까지 빨개지고 어쩔 줄 몰라 했으나, 왜인지 방으로 돌아가기는 싫었다. 낭만에 가득 찬 나는 그곳에서 가장 비싼 칵테일 한 잔을 주문해 마시며, 오직 나를 위한 밴

드의 공연을 즐겼다. 아주 여유롭게. 마치 여행을 떠나올 때마다 BAR를 늘 찾았던 베테랑처럼 말이다.

그곳에서 적은 노트엔 이런 글이 적혀 있다.

'종일 햇살이 뜨겁고, 땀이 흐르는 이 곳. 그런데 마법같은 저녁이 다가오니 바람이 분다. 내 앞에는 놀랍게도 칵테일과 BAR. 그리고 날 위해 노래하는 밴드가 있단다. 놀라운 나는, 방금 여기서 가장 비싼 시그니처 칵테일을 주문했다. 취하면 더 맛있으려나, 한 잔 더 마실까.
다 마시고, 별 보러 가야지!'

무이네에 서 있는 내 존재의 이유가 충분히 설명되는 밤이었다.

미워하는 미워하는 미워하는 마음 없이 ♪

아낌없이 아낌없이 사랑을 주기만 할 때 ♪

백만송이 백만송이 백만송이 꽃은 피고 ♪

그립고 아름다운 내 별나라로 갈 수 있다네 ♪

- 심수봉 선생님의 백만송이 장미 中

"별 보러 가기 전에 한 잔 더, 플리즈~"

무이네 : 초심자의 발자국

바로 오늘이다! 내가 여행자가 된 지 약 3년!! 드디어 여행지에서 내 인생샷을 촬영할 날이 온 것이다. 오늘 촬영을 위해 나는 수많은 자료조사와 사전 준비, 그리고 머릿속에서 엄청난 리허설을 마쳤고, 심지어 의상까지 갖춰 입었다. 이제 레디-는 되었으니 액션-만 하면 된다.

"빵빵!! 이랑? 랑??"

이른 새벽, 나를 태우러 온 지프에는 이미 다른 동지들이 꽉 차 있었다. 친구들끼리 온 듯한 한국인 남성 셋과 살짝 어려 보이는 베트남 커플 하나. 그리고 인생샷을 찍겠다는 나까지 모두 여섯. 우리는 지프투어 첫 코스인 '화이트 샌듄'에 가서 일출을 볼 것이다.

긴 흙길을 달려 드디어 도착한 무이네의 첫 번째 사막. 감동은 아껴뒀다 느끼겠다며 후다닥 입구에서 사륜 오토바이를 타고 모래 언덕 정상으로 올랐다. 그리고 드디어!! 해가 막 떠오르고 있는 그 사막을 만났다. SNS에서 본 사진. 딱 그 장소였다.

"이건 진짜 찍어야 해! 해 뜰 때, 딱 여기서 찍어야 하는데 누구한테 부탁하지…?"

나는 망설이다 그나마 살짝 친분이 생긴(?) 함께 온 베트남 커플에게 사진을 부탁했다. 어색한 포즈까지 열심히 잡았는데…. 촬영의 결과는? 편집!! 통편집!!! 불행하게도 사진 촬영에 재능이 없는 친구들이었다. 하지만 나에겐 두 번째 사막이 있었으니, 재촬영을 기대하며 화이트 샌듄을 떠났다.

다음 사막은 나의 숙소 근처에 있는 '레드 샌듄'이었다. 흰 모래의 화이트 샌듄보다 이곳에 있는 빨간 모래가 어쩐지 더 매력적이었다.

"이번 촬영은 절대 실패할 수 없지! 그런데 찍어달라고 못 하겠어….'

난 고민을 하다 결국 베트남 커플에게 다시 사진을 부탁했고, 그 친구들은 나의 불안한 마음을 눈치 챘는지 열심히, 그리고 굉장히 많은 사진을 찍어주었다. 이렇게나 많이 찍었는데 설마 한 장은 건지겠지…. 재촬영의 결과는? 못 써…. 이 촬영은 망했다.

비록 인생샷은 못 건졌지만 나는 놀랍게도 사진 덕분에 베트남 커플과 친구가 되었다. 그 중, 한국어에 관심이 많다는 여자 친구의 이름은 '렁'이었다.

"너 '렁'이야? 나는 '랑'이야. 나이스 투 미츄.'

우리는 지프투어의 다음 코스부터 아예 같이 다니며, 서로에게 사진을

찍어주기 시작했다. 그러나 사진에 유난히 재능이 없던 '렁'…. 가장 마지막 코스인 '요정의 샘물'에서는 제발 한 장이라도 건지고 싶은 마음에 아예 샘플 사진을 찾아서 '렁'이 남자친구에게 부탁을 했다. 구도가 독특하긴 했으나, 나름 꽤 만족스러운 한 장이었다.

지프투어를 마치고, 우리는 SNS 친구가 되었다. 헤어진 뒤에 만나서 반가웠다며 하루 종일 찍은 사진들을 주고받으니, 여행을 떠나와서 진짜 외국인 친구를 사귀게 된 것 같아 벅차올랐다. 내 생에 처음으로 사귄 소중한 여행 친구였다. 망친 사진 촬영도 용서될 만큼.

해가 질 무렵, 나는 다시 '레드 샌듄'으로 향했다. 붉은 모래 위. 많은 여행자들이 행복한 표정과 포즈로 사진을 남기고 있었다. 나는 그 사이에서 한참을 둘러보다 미소가 떠나지 않던 한국인 여학생들에게 조심스레 사진을 부탁했는데, 들려온 답은 날 심쿵하게 했다.

"어떤 느낌을 원하세요? 전신?? 뒷모습??"

이때다 싶어 '내가 꽂혔던 그 사진'을 보여줬고, 학생들은 바로 알겠다는 듯 쉴 새 없이 촬영 버튼을 눌렀다. 그리고 결과는…?

찾았다. 내 인생샷. 역시 인생샷은 대한민국 인스타지!!

충분하다 싶을 때쯤, 사막의 일몰이 시작되었다. 붉은 모래 위 하늘색

과 핑크색이 조금씩 교차되어가는 파스텔톤의 하늘. 그리고 그 아래, 세상에서 가장 행복한 표정을 짓고 있는 사람들. 사막의 딱 가운데에 홀로 서 있었기 때문에 아마도 많은 여행자들의 사진 속에는 내가 걸려있을 것이다. 주인공이 아니라 배경이 되어도 괜찮았다. 여행의 행복 뒤에선 배경이라, 이것만큼 아름다운 경험도 없을 것이다.

나는 해가 다 지고 깜깜해질 때까지 그 사막 위에 서 있었다.
일부러 아무도 걷지 않은 곳으로 올라가 사막에 내 발자국을 처음으로 남기며, 이건 나의 새로운 발걸음이라고. 큰 용기를 낸 여행 초심자의 소

중한 걸음이라고. 이제, 이 여행을 멈추지 않겠다고. 아주 오래, 또 길게
소원을 빌었다.

그리고 사막을 걸으며, 내게, 그리고 엄마에게 말을 걸었다.

왜 이곳을 걷고 싶었을까?

왜 그렇게도 떠나고 싶었을까?

왜 그토록 설레며 살고 싶었던 걸까?

답을 낼 순 없었지만 질문만으로 이미 충분했다.

더 이상 문장에 '죽음' 이라는 단어는 없었으니까.

그 사막 위에서 누구보다 절실하게 그리워하며,

뜨겁게 살고 싶었으니까.

제주 : 여행자 소리 좀 듣더니

"제주는 어떤 곳이야?"

같은 질문에 대부분 비슷한 답들이 돌아왔다.

쉬러 가는 곳, 놀러 가는 곳, 답답할 때 숨 쉬러 가는 곳, 힘들 때 도망치는 곳…. 그동안 나에게 제주는 '힘든데도 도망치지 못하는 애증의 공간'이었다.

다들 일상에 지치고 갑갑할 때면 쉽게도 표를 끊고 제주로 떠나던데, 비행기로 채 한 시간 남짓, 이태원에서 상암 방송국 가는 길이랑 비슷한 시간인데, 나에게는 도저히 엄두가 안 나는 일이었다.

엄마가 있었을 때, 동생과 2박 3일로 제주에 와 본 적이 있다. 그마저 동생은 집을 오래 비울 수 없다고, 하루 만에 서울로 떠났다. 그때도 나름 열심히 계획을 짜서 제주 동쪽을 돌아다녔는데 집과 일에서 벗어났다는 해방감은 잠시, 동시에 죄책감, 불안 같은 것들이 밀려오며 짧은 힐링은 금세 막을 내렸다. 그래서 차마 '여행'이라는 단어를 붙이지도 못했다.

나는 다시 억척스러운 일상으로 돌아갔고, 여행 없는 삶을 살았다.

그리고 다시 제주로 떠나오기까지 꽤 오랜 시간이 걸렸다.

아주 오랜만에 동생과 다시 제주를 찾았다. 이제 여행자 소리 좀 듣는다고 저렴한 비행기표 가격을 보자마자 급하게 일정을 짜고, 급하게 책가방 하나 메고 출발했다. 우리는 조용한 바다에 머물고 싶어 '성산'을 선택했다. 윤자매의 첫 번째 행선지는? 우리가 몇 년 전 찾았던 '섭지코지'다. 제주에 딱 하루 머물렀던 동생이 '말'을 보고 싶다고 해서 열심히 자료조사를 한 결과, 어렵게 골랐던 소중한 스팟이었다.

고맙게도 날씨는 화창했다. 천천히 '섭지코지' 정상까지 오르는데 표지판 없이도 자연스럽게 발걸음을 옮기는 걸 보니, 그때도 여행 세포는 몇 마리 정도 살아있었나 보다. '오~ 여행자 소리, 들을 만 하네~!!'

정상 즈음이 되자, 동생은 신이 났는지 나를 앞질러 저~ 앞까지 빠른 걸음으로 걸었다. 나는 왼쪽에 보이는 말들과 오른쪽에 보이는 제주 바다를 보며 반가운 인사를 나눴다.

"안녕! 오랜만이지? 그동안 내가 참 많이 바뀌었어!"

이 말을 하는데, 불쑥. 몇 년 간의 내가 화면 빨리 감기를 하듯 주루룩 지나갔다. 그 때, 이곳을 찾은 다음 아주 잠깐의 설렘 뒤 여행이 없는 삶을 살았고, 한동안 울다 여행을 떠나와 웃기 시작했고, 그리고 지금 여행자가 되어 비로소 살고 싶어졌다고. 여행자 소리 들을 만큼 강해져서 돌아왔다고. 그러니 오늘의 나도 잊지 말아달라고. 이제 막 이 재생 버튼을 눌렀으니 앞으로 자주보길 바란다며 길고 긴 대화를 나눴다.

　동생은 이미 저~기 앞까지 걸어갔다. 그녀의 가벼워진 뒷모습을 보니, 동생의 삶도 꽤 달라진 것 같다. 나도 동생도 달라졌지만 이곳 '섭지코지'는 그대로였다. 놀랍게도 변한 게 단 하나도 없는 듯 하다. 바다고, 오름이니 변하지 않는 것이 당연한데, 예전 모습이 그대로라 참 반가웠다. 아마도 세월의 흐름동안 끊임없이 찾는 여행자들 덕에 여행지의 모습은 시간이 지나도 쉽게 변하지 않을 것이다. 달라진 건, 그곳을 다시 찾은 나 뿐.

　앞선 동생의 뒤에는 난생처음 바다로 탈출해 걷던 과거의 나도 어렴풋이 보이는 듯 했다. 그 친구에게 말을 걸 수 있다면 어떤 말을 해줄까 잠시 고민했지만 그 어떤 말도 슬픈 말로 들릴 것 같아 그만두기로 했다. 그냥 시간이 꽤 지난 뒤에 이곳에 다시 오게 될 거라고, 그러니 지금 아

주 잠시라도 떠나오길 잘했다고 엄지손가락이나 한 번 들어주려고 한다.

 다시 찾은 기분이 이토록 황홀한데, 마흔이 다 되어 다시 오사카 관람차를 타게 되면 기분이 어떨까? 이태리를 떠난 지 10년이 되어, 베니스 리알토 다리 앞에 서면 기분이 어떨까? 반백 살이 되어 보다 힘들어진 관절로 무이네 사막을 걸으면 어떤 모습일까? 여행자 소리 좀 듣더니, 이렇게 여행 속의 미래까지 그리게 되나보다.

아주 오랜만에 만난 바다 앞에서,

여행자가 된 나는 또 하나 얻어간다.

제주 : 태어나줘서 고마워

쉼 없이 방송을 만들다 여행을 떠나오면 내 마음은 더 바빠진다. 쉼을 살짝 맛보고 나면 무언가가 격하게 만들고 싶어지기 때문이다. 갑자기 여행을 겁나 잘 기록하고 싶은 욕심이 생기고, 이 여행지에서 기가 막힌 글 하나는 건져가고 싶어진다. 아마도 이것이 예술가들이 말하는 '영감' 비스무리 한 것인가 보다. 그렇게 미친 듯이 글을 쓰다보면 문득 드는 생각.

"이번 프로그램 끝나면 잠시 여행만 하면서 살아볼까?"

방송인과 여행자의 삶을 반복하는 나와는 달리, 오롯이 여행자로만 살고 있는 사람들이 있다. 예전에는 그저 '멋있네~ 잘 사네~ 부럽네~'만 하고 말았는데, '여행자 소리 좀 듣고 나더니' 그들의 진짜 삶까지 궁금해지기 시작했다. 나는 떠나올 생각도 못했는데, 어떻게 여행에 삶을 올인할 수 있었는지 초보 여행자로서 조언을 구하고 싶었나 보다.

조용한데 예쁘기로 소문난 제주 세화리. 해변 앞에 수많은 숙소들이 있는데 나는 군이 바닷가와 한참 떨어진 작은 게스트 하우스로 향했다. 사전 조사에 의하면 이 곳에서는 매일 저녁 게스트 하우스의 스탭들과 '소규모 체험 활동'이라는 것을 한다. 손님들을 위한 이벤트&서비스 인 듯

한데, 제주를 기념할만한 마그넷, 미스트, 비즈 반지, 악세서리 등을 함께 만들며 담소를 나누는 시간을 갖는 것이다. 듣기로 제주도 1년 살기, 한 달 살기 등을 하는 사람들이 게스트 하우스 스탭을 많이 한다던데…. 나는 이 '스탭'들과 인터뷰를 하는 것이 목표였다.

도착하자마자 '오늘의 체험 활동'을 물었더니 나의 인터뷰 대상자 '스탭'분은 이렇게 답했다.

"투숙객 분들이 따로 신청을 해야 할 수 있어요. 오늘은 아무도 신청을 안 하셨는데?"

"제가 신청하죠! 뭘 할 수 있나요?"

"비즈랑 미스트랑 마그넷 중에 평소에 만들어 보고 싶은 거 있으셨나요?"

"… 비즈요! 한 번도 안 해봤어요!!"

거짓말이었다. 평소 소소한 취미가 많은 나는 이미 비즈 팔찌와 반지를 모두 마스터했다. 심지어 한 번 팔아볼까? 하고 생각할 정도로 실력도 꽤 나쁘지 않았다. 하지만 잘 만드는 걸 들키면 불순한 목적이 들켜버릴 까봐 사실대로 말하지 못했다. 나는 새로 뭔가를 배우기보다 인터뷰에 더 힘쓰고 싶었으니까.

그날 저녁, 게스트 하우스 휴게실에서 나를 위한 '비즈 클래스'가 열렸다. 이곳의 스탭은 총 네 명이었는데 모두 내 곁에 앉아 각자의 스타일로

반지와 팔찌를 만들었다. 나는 최대한 처음 만들어 보는 사람처럼 천천히 비즈구슬을 꿰며 한 명씩 대화를 시도했다.

"여기에서 사시는 건가요? 일한지 얼마나 되셨어요? 어떻게 스탭을 하실 생각을 하셨어요?"

나보다 한참 어려보이는 여성1은 '도피'라는 단어를 썼고, 나보다 한참 언니인 것 같은 여성2는 '퇴사 후' 라는 단어를 뱉었다. 나를 위한 비즈 클래스를 열어 준 여성3은 '놀고 일하고를 다 하고 싶어서' 라고 답했고, 게 중 가장 비즈 반지를 잘 만들던 여성4는 '제주에서 하고 싶은 게 많아서' 라고 했다. 내가 작가라는 걸 듣자, 그들은 언제 한번 '스탭'으로 딱 한 달만 살아보라고 권했다. 처음엔 큰 결심이 필요했지만 아무도 후회하지는 않는다고 말이다.

인터뷰에서 내가 기대했던 '자유'라는 단어는 없었다. 그들을 보고 가장 먼저 떠오른 단어는 '활기'. 그들은 모두 살아있어 보였고, 적어도 왜 사는지 이유를 알고 있는 것 같았다. 정확한 답은 아직 모르지만, 그 답을 찾으려고 떠나온 용기 자체에 나는 많은 감동을 받았다.

팔찌 하나, 반지 둘.

두 시간 남짓 구슬을 꿰며 나는 그럴 듯한 인터뷰를 모두 마쳤다. 방음이 거의 하나도 안 되는 1인실 침대에 누워 내가 이곳의 스탭이라면 어떨까, 잠시 생각해봤다. 때마침 엄청난 비까지 내렸고, 밤새 내 방 지붕 위로 쏟아지는 빗소리 때문에 한참을 뒤척이다 잠에 들었다.

"다른 건 모르겠고, 체험 활동 큐시트 하나는 기가 막히게 짰을 텐데…. 직업병 때문에 진행 하나는 잘 했을 텐데…. 그래도 여기 살면 답답하지 않을까…?"

다음날 아침, 내 방 창문을 열자 너무도 푸근한 시골의 풍경과 비가 그쳐 상쾌한 하늘, 그리고 한 번도 들어보지 못한 청량한 새소리가 들렸다. 이렇게 고요한 아침은 처음이다. 그제야 그들이 왜 이곳에 사는지

알 것 같았다.

   나는 게스트 하우스를 빠져나와 세화 해변까지 걷기로 했다. 그리고 땀을 뻘뻘 흘리며 고요한 마을을 열심히 걷던 나에게 놀라운 대사가 들렸다.

   "미역국 저녁에 또 먹을 거야? @@아~ 이 세상에 태어나줘서 정말 고마워♡"

   그 이야길 듣자마자 심장은 빠르게 뜨거워졌고, 나는 빠르게 걷던 걸음을 멈춰 주변을 살피며 천천히 걷기 시작했다. 행여나 전화를 받은 사람을 만나진 않을까, 사람들의 표정을 하나씩 관찰하기도 했다. 이렇게 푸른 논과 밭, 고요한 마을을 맘껏 즐기다 보니 내가 왜 걷고 있는지도 조금 알 것 같았다.

그 예쁘고 따뜻한 말 덕분에 나는 오늘 더 살고 싶어졌다.
그 달콤한 말 덕분에 이곳으로 꼭 다시 여행을 오고 싶어졌다.

"태어나줘서 고마워♥"

"나도, 낳아줘서 고마워♥
"그리고 여행자로 다시 태어나게 해줘서 고마워!"

이태원 단골 서점, 여행 책 코너 옆에 붙은 세계지도 앞.

나는 또 한 참, 내가 다녀왔던 곳들을 어루만졌다.

넓디넓은 지구촌에서 내가 밟은 땅들은 콩·콩·콩.

참 귀엽기도 하지!

그러나 앞으로 갈 곳들보다 어째 밟았던 그곳들에 더 눈길이 간다.

지중해 위에서 만난 일출과 사막 한 가운데서 본 일몰.

알아서 카푸치노를 라떼처럼 만들어주던 미라노 호스텔 어머니와

다리 한쪽이 불편해도 웃으며 호안끼엠을 거닐던 강아지까지.

다시 찾아가서 달라진 나를 보여줘야지.

오랜만에 생긴 꿈은 끊임없이 내 심장을 뛰게 한다.

"우리 꼭, 다시 만나!"

#5.

에필로그

다시 이태원 : 엄마를 피하는 방법

솔직히 말하면 피하고 싶었다. 아주 솔직히 말하자면 아프고 슬펐던 기억으로부터 도망치고 싶었다. 슬퍼 보이는 나에게 위로를 건네는 사람이 아무도 없고, 심지어 위로받으려는 나조차 없는 곳으로 떠나고 싶었다.

나의 여행들은, 이런 이기적인 마음으로 시작된 것이다.

엄마를 피하는 방법은 역시 쉽지 않았다. 첫 여행지에서부터 뚝뚝 눈물을 흘렸고, 기차 안에서 울다가 비행기 안에서 울다가 희한한 오해도 여럿 받았다. 여행지마다 작가의 탈을 쓰고, 아주 열정적으로 여행을 하러 온 사람처럼 굴었지만, 주변이 조금만 고요해지면 저절로 눈물이 맺혔다. 더 이상 위로받지 않고 싶어서 떠나왔지만 인프제답게 과거의 나를 수없이 끄집어 내며 스스로를 위로했다.

그러던 어느 날 깨달았다. 나에게도 어딘가로 떠나와 울 수 있는 용기가 있었구나 하고.

그렇게 '조금 늦게 시작한 여행'은 내 머릿속에서 '죽음' 대신 '삶'이라는 단어를 강조해주었다. 초보 여행자에서 좋은 여행자가 되기로 마음먹은 순간부터는 더 즐거운 여행을 하며 살고 싶은 '욕심'마저 생겼다. 그리고 그 욕심은 감히, 나와 비슷한 다른 사람들을 위로해주고 싶다는 '의지'로까지 이어졌다.

"그거 알아? 넌 글 쓰는 이야기를 하면 눈이 반짝거린다?!"

내가 좋아하는 이야기를 하면 눈이 반짝거린다던 엄마의 말 한마디로 글을 쓸 용기를 얻었다. 그녀가 떠나고 4년쯤 지나자, 반짝임을 잃게 했던 힘든 마음들은 저절로 하늘이 되고 바다가 되었다. 다시, 여기 이태원에서 또 다른 여행을 꿈꾸며 앉아있는 나는 참으로 빛나는 중이다.

괜찮아요. 우리 모두 처음이니까.
괜찮아요. 그래도 살고 싶어지니까.
괜찮아요. 시간이 지나면 다시 좋은 기억만 남거든요.

그러니 우리 떠나요! 진짜 나를 만날 수 있는 곳으로.
떠나요! 진짜 나를 위로해줄 수 있는 곳으로.

조금 앞장서서 당신을 위로합니다.
감히, 조금 늦게 여행을 시작한 제가!